AF411252

PROGRAMMES DES COURS

DE

L'ÉCOLE IMPÉRIALE

DES MINES

Paris. — Imprimerie de Cusset et Cᵉ, rue Racine, 20

PROGRAMMES DES COURS

DE

L'ÉCOLE IMPÉRIALE

DES MINES

PARIS.

DUNOD, ÉDITEUR,

SUCCESSEUR DE Vᵉ DALMONT,

Précédemment Carilian-Gœury et Vᵉ Dalmont,

LIBRAIRE DES CORPS IMPÉRIAUX DES PONTS ET CHAUSSÉES ET DES MINES,

Quai des Augustins, nᵒ 49.

1869

PROGRAMMES DES COURS

DE

L'ÉCOLE IMPÉRIALE DES MINES

Son Excellence M. le ministre de l'agriculture, du commerce et des travaux publics a décidé, sur la proposition du conseil de l'École des mines, que les programmes des cours, rédigés par MM. les professeurs, seraient imprimés dans le recueil des Annales des mines.

Les cours professés à l'École des mines se divisent en cours spéciaux et cours préparatoires.

L'objet des *cours spéciaux* est défini par l'article 2 du décret du 15 septembre 1856, sur l'organisation de l'École :

« L'enseignement de l'École a pour objet spécial l'exploi-
« tation et le traitement des substances minérales. Il a éga-
« lement pour objet l'étude des machines et appareils à
« vapeur, la recherche, la conservation et l'aménagement
« des sources d'eaux minérales, le drainage et les irriga-
« tions, l'exploitation et le matériel des chemins de fer, et,
« en général, les arts et les travaux qui se rattachent à
« l'industrie minérale. Il comprend les connaissances de
« mécanique, de métallurgie, de docimasie, de minéra-
« logie, de paléontologie, de géologie pure et appliquée à
« l'agriculture, de droit administratif, de législation des
« mines et d'économie industrielle, ainsi que les principes
« de l'art des constructions nécessaires aux ingénieurs des
« mines et aux directeurs de mines et d'usines. »

Les cours spéciaux sont suivis par les élèves ingénieurs destinés à recruter le corps des ingénieurs de l'État et pris exclusivement parmi les élèves de l'École polytechnique ; ils sont également suivis par des élèves externes admis après concours et par des élèves étrangers ; leur durée est de trois ans.

Outre les cours spéciaux dont les programmes sont imprimés ci-après, les mêmes élèves suivent des leçons de langues allemande et anglaise et les exercices pratiques de chimie et docimasie, de dessin et de levé de plans.

Les *cours préparatoires*, institués par arrêtés ministériels, ont pour objet les notions de mathématiques, de mécanique rationnelle, de physique et de chimie générale qui sont nécessaires pour l'intelligence des cours spéciaux. Les cours préparatoires durent un an ; ils sont suivis par des élèves qui se proposent de concourir pour les places d'élèves externes.

Il a paru convenable de faire précéder les programmes des cours de l'École par le programme des connaissances exigées pour l'admission aux cours préparatoires, et de donner, en appendice, le programme des leçons de topographie qui sont faites aux élèves de première année préalablement aux exercices de levé de plan.

La table suivante présente le résumé des matières et l'ordre d'insertion.

PROGRAMMES DES COURS PRÉPARATOIRES.

PROGRAMMES DES COURS SPÉCIAUX.

PROGRAMME DES CONNAISSANCES EXIGÉES

POUR

L'ADMISSION AUX COURS PRÉPARATOIRES.

ARITHMÉTIQUE.

1. *Numération décimale.*

Addition et soustraction des nombres entiers.

Multiplication des nombres entiers. — Le produit de plusieurs nombres entiers ne change pas quand on intervertit l'ordre des facteurs. — Pour multiplier un nombre par un produit de plusieurs facteurs, il suffit de le multiplier successivement par les facteurs de ce produit.

2. *Division des nombres entiers.*

Pour diviser un nombre par un produit de plusieurs facteurs, il suffit de le diviser successivement par les facteurs de ce produit.

Restes de la division d'un nombre entier par 2, 3, 5, 9. — Caractères de divisibilité par chacun de ces nombres.

3. *Définition des nombres premiers et des nombres premiers entre eux.*

Trouver le plus grand commun diviseur de deux nombres. Tout nombre qui divise un produit de deux facteurs, et qui est premier avec l'un des facteurs, divise l'autre.

Décomposition d'un nombre en ses facteurs premiers. — En déduire le plus petit multiple d'une série de nombres donnés.

4. *Fractions ordinaires.*

Une fraction ne change pas de valeur quand on multiplie ou quand on divise ses deux termes par un même nombre. — Réduction d'une fraction à sa simple expression. — Réduction de plusieurs fractions au même dénominateur. — Plus petit dénominateur commun.

5. *Opérations sur les fractions ordinaires.*

6. *Nombres décimaux.*

Opérations. — Comment on obtient un produit et un quotient à une unité près d'un ordre décimal donné. -- Erreurs relatives correspondantes des données et du résultat.

7. *Réduire une fraction ordinaire en fraction décimale.*

Quand le dénominateur d'une fraction irréductible contient d'autres facteurs premiers que 2 et 5, la fraction ne peut être convertie exactement en décimales, et le quotient qui se prolonge indéfiniment est périodique.

Étant donnée une fraction décimale périodique simple ou mixte, trouver la fraction ordinaire génératrice.

8. *Système des mesures légales.*

Mesures de longueur. — Mètre : ses divisions, ses multiples. — Rapport de l'ancienne toise de six pieds au mètre. — Convertir en mètres un nombre donné de toises.

Mesures de superficie, de volume et de capacité.

Mesures de poids. -- Monnaies. — Titre et poids des monnaies de France. — Usages des tables de conversion des anciennes mesures en mesures légales.

9. *Formation du carré et du cube de la somme de deux nombres.*

Extraction de la racine carrée d'un nombre entier. -- Indications sommaires de la marche à suivre pour l'extraction de la racine cubique.

10. *Carré et cube d'une fraction.*

Racine carrée d'une fraction ordinaire et décimale à une unité près d'un ordre décimal donné.

11. *Rapport des grandeurs concrètes.*

Dans une suite de rapports égaux, la somme des numérateurs et celle des dénominateurs forment un rapport égal aux premiers.

Notions générales sur les grandeurs qui varient dans le même rapport ou dans un rapport inverse. — Solution par la méthode dite *de réduction à l'unité* des questions les plus simples dans lesquelles on considère de telles quantités. — Mettre en évidence les rapports des quantités de même nature qui entrent dans le résultat final et en conclure la règle générale à suivre pour écrire immédiatement la solution demandée.

12. *Intérêts simples.*

Formule générale qui fournit la solution de toutes les questions relatives aux intérêts simples. — De l'escompte commercial.

Partager une somme en parties proportionnelles à des nombres donnés.

13. *Usage des tables de logarithmes pour abréger les calculs de multiplication et de division, l'élévation aux puissances et l'extraction des racines.*

Emploi de la règle à calcul borné à la multiplication et à la division.

ALGÈBRE.

14. *Calcul algébrique.*

Emploi des lettres et des signes comme moyen d'abréviation et de généralisation. — Termes semblables.

Addition et soustraction.

15. *Multiplication.*

Règle des signes.

Division des monômes. — Exposant zéro. — Exposé sommaire de la division des polynômes.

16. *Équations du premier degré.*

Résolution des équations numériques du premier degré à une ou à plusieurs inconnues, par la méthode dite *de substitution.*

Interprétation des valeurs négatives dans les problèmes. — Usage et calcul des quantités négatives.

Des cas d'impossibilité et d'indétermination.

Formules générales pour la résolution d'un système d'équations du premier degré à deux inconnues. — Discussion complète de ces formules.

17. *Équations du second degré à une inconnue.*

Résolution. — Double solution. — Valeurs imaginaires.

Décomposition du trinôme $x^2 + px + q$ en facteurs du premier degré. — Relation entre les coefficients et les racines de l'équation $x^2 + px + q = 0$.

18. *Des questions de maximum et de minimum qui peuvent se résoudre par les équations du second degré.*

19. *Principales propriétés des progressions arithmétiques et des progressions géométriques.*

Des logarithmes. — Chaque terme d'une progression arithmétique commençant par zéro, 0, r, $2r$, $3r$, $4r$, est dit le logarithme du terme qui occupe le même rang dans une progression géométrique commençant par l'unité 1, q, q^2, q^3, q^4…

Si l'on conçoit que l'excès de la raison q sur l'unité diminue de plus en plus, les termes de la progression géométrique croîtront par degrés anssi rapprochés qu'on voudra. Etant donné un nombre plus grand que 1, il existera toujours un terme de la progression géométrique dont la différence avec ce nombre sera moindre que toute quantité donnée.

Le logarithme d'un produit de plusieurs facteurs est égal à la somme des logarithmes de ces facteurs. — Corollaires relatifs à la division, à l'élévation aux puissances, à l'extraction des racines.

20. *Logarithmes dont la base est* 10.

Tables. — Règle des parties proportionnelles. — De la caractéristique. — Changement qu'elle éprouve quand on multiplie ou quand on divise un nombre par une puissance de 10.

Usage des caractéristiques négatives.

Application des logarithmes aux questions d'intérêts composés et aux annuités. — Binôme de Newton, pour l'exposant entier et positif.

Séries. — Théorèmes principaux relatifs à la convergence.

GÉOMÉTRIE.

FIGURES PLANES.

21. *Ligne droite et plan.*

Ligne brisée. — Ligne courbe. — Définition et génération de l'angle. — Angles droit, aigu, obtus.

Par un point pris sur une droite, on ne peut élever qu'une seule perpendiculaire à cette droite.

Angles adjacents. — Angles opposés par le sommet.

22. *Triangle.*

Cas d'égalité les plus simples.

Propriétés du triangle isocèle.

Propriétés de la perpendiculaire et des obliques menées d'un même point à une droite. — Cas d'égalité des triangles rectangles.

23. *Droites parallèles.*

Lorsque deux parallèles sont rencontrées par une sécante, les quatre angles aigus qui en résultent sont égaux entre eux, ainsi que les quatre angles obtus. — Dénominations attribuées à ces divers angles. — Réciproques (1).

Angles dont les côtés sont parallèles ou perpendiculaires.

Somme des angles d'un triangle ou d'un polygone quelconque.

Parallélogrammes. — Propriétés de leurs côtés, de leurs angles et de leurs diagonales.

24. *De la circonférence du cercle.*

Dépendance mutuelle des arcs et des cordes.

Le rayon perpendiculaire à une corde divise cette corde et l'arc sous-tendu chacun en deux parties égales.

Dépendances mutuelles des longueurs des cordes et de leurs distances au centre. — Condition pour qu'une droite soit tangente à une circonférence. — Arcs interceptés par des cordes parallèles.

Condition du contact et de l'intersection de deux cercles.

25. *Mesure des angles.*

Si des sommets de deux angles on décrit deux arcs de cercle de

---

(*) On admettra qu'on ne peut mener, par un point donné, qu'une seule parallèle à une droite.

même rayon, le rapport des angles sera égal à celui des arcs compris entre leurs côtés (*).

Évaluation des angles en degrés, minutes et secondes. — Angles inscrits.

26. *Usage de la règle et du compas dans les constructions sur le papier.*

Vérification de la règle.

Problèmes élémentaires sur la construction des angles et des triangles.

Tracé des perpendiculaires et des parallèles. — Abréviation des constructions au moyen de l'équerre et du rapporteur. — Vérification de l'équerre.

27. Division d'une droite et d'un arc en deux parties égales. — Décrire une circonférence qui passe par trois points donnés. — D'un point donné hors d'un cercle, mener une tangente à ce cercle. — Décrire sur une ligne donnée un segment de cercle capable d'un angle donné.

28. *Lignes proportionnelles* (**).

Toute parallèle à l'un des côtés d'un triangle divise les deux autres côtés en parties proportionnelles. — Réciproque. — Propriétés de la bissectrice de l'angle d'un triangle.

Polygones semblables.

En coupant un triangle par un parallèle à l'un de ses côtés, on détermine un triangle partiel semblable au premier. — Condition de similitude des triangles.

Décomposition des polygones semblables en triangles semblables. - Rapport des périmètres.

29. Relations entre la perpendiculaire abaissée du sommet de l'angle droit d'un triangle rectangle sur l'hypoténuse, les segments de l'hypoténuse, l'hypoténuse elle-même et les côtés de l'angle droit.

Relation entre le carré du nombre qui exprime la longueur du

(*) La proposition étant démontrée pour le cas où il y a entre les arcs une commune mesure, quelque petite qu'elle soit, sera, par cela même, considérée comme générale.

(**) En conservant les énoncés habituels, on devra remplacer, dans les démonstrations. l'algorithme des proportions par l'égalité des rapports.

côté d'un triangle opposé à un angle droit, aigu ou obtus, et les carrés des nombres qui expriment les longueurs des deux autres côtés.

Si d'un point pris dans le plan d'un cercle, on mène des sécantes, le produit des distances de ce point aux deux points d'intersection de chaque sécante avec la circonférence est constant, quelle que soit la direction de la sécante. — Cas où elle devient tangente.

5o. Diviser une droite donnée en parties égales ou en parties proportionnelles à des lignes données. — Trouver une quatrième proportionnelle à trois lignes ; une moyenne proportionnelle entre deux lignes.

Construire, sur une droite donnée, un polygone semblable à un polygone donné.

31. *Polygone régulier.*

Tout polygone régulier peut être inscrit et circonscrit au cercle.

Le rapport des périmètres de deux polygones réguliers d'un même nombre de côtés est le même que celui des rayons des cercles circonscrits (1).

Le rapport d'une circonférence à son diamètre est un nombre constant.

Inscrire dans un cercle de rayon donné un carré, un hexagone régulier.

Manière d'évaluer le rapport approché de la circonférence au diamètre, en calculant les périmètres des polygones réguliers de 4, 8, 16, 52 côtés inscrits dans un cercle de rayon donné.

32. Mesure de l'aire du rectangle, du parallélogramme, du triangle, du trapèze, d'un polygone quelconque. Méthodes de la décomposition en triangles et en trapèzes rectangles.

Relation entre le carré construit sur le côté d'un triangle opposé à un angle droit, ou aigu, ou obtus, et les carrés construits sur les deux autres côtés.

33. Le rapport des aires de deux polygones semblables est le même que celui des carrés des côtés homologues.

Aire d'un polygone régulier. — Aire d'un cercle, d'un secteur et d'un segment de cercle. — Rapport des aires de deux cercles de rayons différents.

(*) La longueur de la circonférence de cercle sera considérée, sans démonstration, comme la limite vers laquelle tend le périmètre d'un polygone inscrit dans cette courbe à mesure que ses côtés diminuent indéfiniment.

FIGURES DANS L'ESPACE.

34. *Du plan et de la ligne droite.* — Deux droites qui se coupent déterminent la position d'un plan.—Conditions pour qu'une droite soit perpendiculaire à un plan.

Propriété de la perpendiculaire et des obliques menées d'un même point à un plan.

Parallélisme des droites et des plans.

35. *Définition et génération des angles dièdres.* — Dièdre droit.

Angle plan correspondant à l'angle dièdre. — Le rapport de deux angles dièdres est le même que celui de leurs angles plans.

Plans perpendiculaires entre eux. — Si deux plans sont perpendiculaires à un troisième, leur intersection commune est perpendiculaire à ce troisième.

Angles trièdres. — Chaque face d'un angle trièdre est plus petite que la somme des deux autres.

Si l'on prolonge les arêtes d'un angle trièdre au delà du sommet, on forme un nouvel angle trièdre qui ne peut lui être superposé, bien qu'il soit composé des mêmes éléments.

36. *Des polyèdres.* — Parallélipipède. — Mesure du volume du parallépipède rectangle, du parallélipipède quelconque, du prisme triangulaire, du prisme quelconque.

37. *Pyramide.* —Mesure du volume de la pyramide triangulaire, de la pyramide quelconque. — Volume du tronc de pyramide à bases parallèles. — Applications numériques.

38. *Polyèdres semblables* (*).

En coupant une pyramide par un plan parallèle à sa base, on détermine une pyramide partielle semblable à la première. — Deux pyramides triangulaires qui ont un angle dièdre égal compris entre deux faces semblables et semblablement placées sont semblables.

(Nota. On se bornera à ce seul cas de similitude.)

Décomposition des polyèdres semblables en pyramides triangulaires semblables. — Rapport de leurs volumes.— Applications numériques.

39. *Cône droit à base circulaire.* — Sections parallèles à la base

---

(*) On appelle ainsi ceux qui sont compris sous un même nombre de faces semblables chacune à chacune, et dont les angles polyèdres homologues sont égaux.

— Surfaces latérales du cône et du tronc de cône à bases parallèles.
— Volumes du cône et du tronc de cône à bases parallèles (*).

Cylindre droit à base circulaire. — Mesure de la surface latérale
et du volume. — Extension aux cylindres droits à bases quelconques.

40. *Sphère.* — Sections planes. — Grands cercles, petits cercles,
pôles d'un cercle. — Étant donnée une sphère, trouver son rayon.
Plan tangent.

Mesure de la surface engendrée par une ligne brisée régulière,
tournant autour d'un axe mené dans son plan et par son centre.—
Aire de la zone, de la sphère entière.

41. Mesure du volume engendré par un triangle tournant autour
d'un axe mené dans son plan par un de ses sommets.

Application au secteur polygonal régulier tournant autour d'un
axe mené dans son plan et par son centre. — Volume du secteur
sphérique, de la sphère entière.

TRIGONOMÉTRIE RECTILIGNE.

42. *Lignes trigonométriques.* (On ne considère que les rapports
des lignes trigonométriques au rayon.)
Relation entre les lignes trigonométriques d'un même angle. —
Expressions du sinus et du cosinus en fonction de la tangente.

43. Connaissant les sinus et les cosinus de deux arcs, trouver le
sinus et le cosinus de leur somme et de leur différence.—Trouver
la tangente de la somme ou de la différence de deux arcs, quand on
connaît les tangentes de ces deux arcs.

Expressions de sin. $2a$, cos. $2a$ et tang. $2a$. —Connaissant cos. a
ou sin. a, calculer sin. $1/2 a$ et cos. $1/2 a$.

Rendre calculable par logarithmes la somme de deux lignes trigonométriques, sinus ou cosinus.

44. Notions sur la construction des tables trigonométriques. —
Usage des tables.

45. Résolution des triangles. — Relations entre les angles et les
côtés d'un triangle rectangle ou d'un triangle quelconque.
Résolution des triangles rectangles.

(*) L'aire du cône (ou du cylindre) sera considérée, sans démonstration,
comme la limite vers laquelle tend l'aire de la pyramide inscrite (ou du prisme)
à mesure que ses faces diminuent indéfiniment.

46. Connaissant un côté et deux angles d'un triangle quelconque, trouver les autres parties, ainsi que la surface du triangle.

Connaissant deux côtés, avec l'angle compris, trouver les autres parties, ainsi que la surface du triangle.

Connaissant les trois côtés, trouver les angles et la surface du triangle.

47. Application de la trigonométrie aux différentes questions que présente le levé des plans.

GÉOMÉTRIE ANALYTIQUE.

GÉOMÉTRIE A DEUX DIMENSIONS.

48. *Des équations et des formules de la géométrie.*

Loi de l'homogénéité. — Construction des expressions algébriques.

49. *Des coordonnées rectilignes.*

Détermination d'un point sur un plan par le moyen de ses coordonnées rectilignes.

Représentation des lieux géométriques par des équations.

Transformation des coordonnées rectilignes.

50. *Des équations du premier et du deuxième degré à deux variables.*

Construction des équations du premier degré. — Problèmes sur la ligne droite.

Équation du cercle.

Construction des équations du second degré. — Division en trois genres des courbes qu'elles représentent.

Du centre, des diamètres et des axes dans les courbes du second degré.

Réduction de l'équation du second degré à la forme la plus simple, par le changement des coordonnées.

Du nombre de conditions nécessaires à la détermination d'une courbe du second degré.

51. *De l'ellipse.*

Équation de l'ellipse rapportée à son centre et à ses axes. — Les carrés des ordonnées perpendiculaires à l'un des axes sont entre eux comme les produits des segments correspondants formés sur cet axe.

Les ordonnées perpendiculaires au grand axe sont aux ordonnées correspondantes du cercle décrit sur cet axe comme diamètre, dans le rapport constant du petit axe au grand. — Construction de la courbe par points au moyen de cette propriété.

Foyers, excentricité de l'ellipse. La somme des rayons vecteurs menés à un point quelconque de l'ellipse est constante et égale au grand axe. — Description de l'ellipse au moyen de cette propriété.

Directrices. — Les distances de chaque point de l'ellipse à l'un des foyers et à la directrice voisine de ce foyer sont entre elles comme la distance des foyers est au grand axe.

Équation de la tangente et de la normale en un point de l'ellipse. — Le point où la tangente rencontre un des axes prolongés est indépendant de la grandeur de l'autre axe. — Construction de la tangente en un point de l'ellipse, au moyen de cette propriété.

Les rayons vecteurs menés des foyers à un point de l'ellipse, font avec la tangente en ce point, et d'un même côté de cette ligne des angles égaux. — La normale divise en deux parties égales l'angle des rayons vecteurs. Cette propriété peut servir à mener une tangente à l'ellipse par un point pris sur la courbe ou par un point extérieur.

Diamètre. — Les cordes qu'un diamètre divise en parties égales sont parallèles à la tangente menée par l'extrémité de ce diamètre. — Cordes supplémentaires. — On peut, au moyen des cordes supplémentaires, mener une tangente à l'ellipse par un point donné sur la courbe ou parallèlement à une droite donnée.

Diamètres conjugués. — Deux diamètres conjugués sont toujours parallèles à deux cordes supplémentaires, et réciproquement. — Limite de l'angle de deux diamètres conjugués. Il y a toujours, dans une ellipse, deux diamètres conjugués égaux entre eux. — La somme des carrés des deux diamètres conjugués est constante. — L'aire du parallélogramme construit sur deux diamètres conjugués est constante. Construire une ellipse, connaissant deux diamètres conjugués et l'angle qu'ils font entre eux.

Expression de l'aire de l'ellipse en fonction des longueurs de ses axes.

52. *De l'hyperbole.*

Équation de l'hyperbole rapportée à son centre et à ses axes. — Rapport des carrés des ordonnées perpendiculaires à l'axe transverse.

Foyers et directrices; tangente et normale; diamètres; diamètres conjugués et cordes supplémentaires. Ce qu'on nomme longueur d'un diamètre qui ne rencontre point l'hyperbole. — Les propriétés de ces points et de ces lignes sont analogues dans l'hyperbole et dans l'ellipse.

Asymptotes de l'hyperbole. — Les asymptotes coïncident avec les diagonales du parallélogramme formé sur deux diamètres conjugués quelconques. — Les portions d'une sécante ou d'une tangente comprise entre l'hyperbole et ses asymptotes sont égales entre elles. — Application à la construction de la tangente.

Le rectangle des parties d'une sécante comprises entre un point de la courbe et les asymptotes est égal au carré de la moitié du diamètre auquel la sécante est parallèle.

Formation de l'équation de l'hyperbole rapportée à ses asymptotes.

53. *De la parabole.*

Équation de la parabole rapportée à son axe et à la tangente au sommet. — Rapport des carrés des ordonnées perpendiculaires à l'axe.

Foyer et directrice de la parabole. — Chacun des points de la courbe est également éloigné du foyer et de la directrice. — Construction de la parabole.

La parabole peut être considérée comme la limite d'une ellipse dans laquelle le grand axe augmente indéfiniment, tandis que la distance du foyer au sommet voisin reste constante.

Tangente et normale. — Sous-tangente et sous-normale. — Elles fournissent des moyens de mener la tangente en un point de la courbe.

La tangente fait des angles égaux avec l'axe et avec le rayon vecteur mené au point de contact. Mener, au moyen de cette propriété, une tangente à la parabole : 1° par un point situé sur la courbe; 2° par un point extérieur.

Diamètres. — Les cordes qu'un diamètre divise en deux parties égales sont parallèles à la tangente menée à l'extrémité de ce diamètre.

Expression de l'aire d'un segment parabolique.

54. *Des coordonnées polaires.*

Passer d'un système de coordonnées rectangulaires à un système de coordonnées polaires, et réciproquement.

Équation des trois courbes du second degré en coordonnées polaires, le pôle étant situé à un foyer et les angles étant comptés à partir de l'axe qui passe par ce foyer.

55. *Des lignes courbes en général.*

Discussion de quelques courbes algébriques et transcendantes. Construction des racines réelles des équations de forme quelconque à une inconnue.

56. *Des sections coniques et cylindriques.*

Étude des sections planes du cône et du cylindre droit à base circulaire.—Section anti-parallèle du cône et du cylindre oblique à base circulaire.

GÉOMÉTRIE A TROIS DIMENSIONS.

57. *Théorie des projections.*

La somme des projections de plusieurs droites consécutives sur un axe est égale à la projection de la ligne résultante.—La somme des carrés des projections d'une droite sur trois axes rectangulaires est égale au carré de cette droite. La somme des carrés des cosinus des angles qu'une droite fait avec trois droites rectangulaires est égale à l'unité.

La projection d'une aire plane sur un plan est égale au produit de cette aire par le cosinus de l'angle des deux plans.

58. *Des coordonnées rectilignes.*

Représentation d'un point par ses coordonnées. — Équation des lignes et des surfaces.

Transformation des coordonnées rectilignes.

De la ligne droite et du plan.

Équation de la ligne droite. — Équation du plan. — Toute équation du premier degré à trois variables représente un plan.

Trouver les équations d'une droite :

1° Qui passe par deux points donnés;

2° Qui passe par un point donné et qui soit parallèle à une ligne donnée.

Déterminer le point d'intersection de deux droites dont on connaît les équations.

Faire passer un plan :

1° Par trois points donnés ;

2° Par un point donné et parallèlement à un plan donné;

3° Par un point et par une droite donnés.

Connaissant les équations de deux plans, trouver les projections de leur intersection.

Trouver l'intersection d'une droite et d'un plan dont on connaît les équations.

Connaissant les coordonnées de deux points, trouver leur distance.

D'un point donné, abaisser une perpendiculaire sur un plan ; trouver le pied et la grandeur de la perpendiculaire (coordonnées rectangulaires).

Mener, par un point donné, un plan perpendiculaire à une droite donnée (coordonnées rectangulaires).

Mener, par un point donné, une perpendiculaire à une droite donnée; déterminer le pied et la grandeur de cette perpendiculaire (coordonnées rectangulaires).

Connaissant les équations d'une droite, déterminer les angles de cette droite avec les axes des coordonnées (coordonnées rectangulaires).

Trouver l'angle de deux droites dont on connaît les équations (coordonnées rectangulaires).

Connaissant l'équation d'un plan, trouver les angles qu'il fait avec les plans coordonnés (coordonnées rectangulaires).

Déterminer l'angle de deux plans (coordonnées rectangulaires).

Trouver l'angle d'une droite et d'un plan (coordonnées rectangulaires).

Équation de la sphère (coordonnées rectilignes quelconques).

PHYSIQUE.

PROPRIÉTÉS GÉNÉRALES DES CORPS.   PESANTEUR.

Préliminaires.

But de la physique. — Phénomènes. — Lois physiques. — Les expériences sont destinées à les faire ressortir des phénomènes. — Théories physiques. — Caractère différent des méthodes expérimentales et des méthodes mathématiques.

Propriétés générales des corps.

Étendue. — Mesure des longueurs. — Mètre. — Vernier. — Vis micrométrique.

Divisibilité, porosité.—Idées généralement admises sur la constitution moléculaire des corps: Ces conceptions, purement hypothétiques, ne doivent pas être confondues avec les lois physiques. — Élasticité.

Mobilité. — Inertie. — Forces. — Leur équilibre, leur évaluation numérique.

Pesanteur.

Direction de la pesanteur. — Fil à plomb. — Relation entre la direction de la pesanteur et la surface des eaux tranquilles.

Poids. — Centre de gravité.

Étude expérimentale du mouvement produit par la pesanteur.— Influence perturbatrice de l'air. — Plan incliné de Galilée. — Machine d'Atwood. Démontrer par l'expérience :

1° La loi des espaces parcourus ;

2° La loi des vitesses.

Appareil de M. Morin.

Loi de l'indépendance de l'effet produit par une force sur un corps, et du mouvement antérieurement acquis de ce corps.—Loi de l'indépendance des effets des forces qui agissent simultanément sur un même corps.—Démonstration expérimentale et généralisation de ces lois. — Lois de l'égalité de l'action et de la réaction.

Masse.—Accélération.—A égalité de masse, les forces sont entre elles comme les accélérations qu'elles produisent.—Relation entre une force, la masse du corps sur lequel elle agit et l'accélération qui résulte de cette action.

Lois générales du mouvement uniformément varié.— Formules.

Pendule.—Loi de l'isochronisme des petites oscillations et loi des longueurs, déduites de l'observation.— Méthode des coïncidences.

Emploi du pendule pour la mesure du temps.—Pendule simple. — Formule.—Détermination, au moyen du pendule, de l'accélération produite par la pesanteur. — Cette accélération est indépendante de la nature des corps.

Les formules du mouvement oscillatoire s'appliquent à la comparaison des forces de toute nature, qu'on peut regarder comme constantes et parallèles à elles-mêmes dans toutes les positions du corps oscillant.

Identité de la pesanteur et de l'attraction universelle.

Balance. — Conditions de son établissement. — Sensibilité. — Si le point de suspension du fléau et les points d'attache des plateaux étaient exactement en ligne droite, la sensibilité serait indépendante des poids qui chargeraient les plateaux. — Méthodes des doubles pesées.—Détails des précautions nécessaires pour obtenir une pesée exacte.

Définition de la densité.—La densité est le rapport du poids d'un corps à son volume.

HYDROSTATIQUE ET HYDRODYNAMIQUE.

Distinction des divers états des corps.

Principes de Pascal :

1. Dans l'intérieur d'un liquide, la pression exercée sur un élément de surface est normale à l'élément et indépendante de sa direction. La démonstration de ce principe résulte de la vérification expérimentale de ses conséquences.

2. Principe de l'égale transmission des pressions. Si l'on exerce une pression sur une portion plane, égale à l'unité, de la surface d'un liquide, l'effort transmis sur une surface plane quelconque, prise à l'intérieur du liquide ou sur les parois, est égale à la pression exercée, multipliée par l'étendue de cette surface.—Vérification de ce principe au moyen de la presse hydraulique.

Application des principes précédents aux liquides pesants.—Direction de la surface libre.—Pressions intérieures; surfaces de niveau.—Pressions sur les parois, en particulier sur le fond des vases; paradoxe hydrostatique. — Appareil de Haldat; expériences diverses.

Principe d'Archimède.—Vérification expérimentale; démonstration théorique, déduite des principes précédents.— Corps flottant. (On ne considérera pas les conditions de stabilité de l'équilibre.)

Liquides superposés.

Vases communiquants. — Niveau d'eau. — Niveau à bulle d'air; son usage dans les instruments.

Densité des solides et des liquides. — Balance hydrostatique. — Aéromètre.

Compressibilité des liquides. Indiquer les appareils propres à la constater.—Faire comprendre la nécessité d'une correction due à la compressibilité de l'enveloppe solide.

Propriétés communes aux liquides et aux gaz.— Principe de l'égalité de pression en tout sens.—Principe de l'égale transmission des pressions.—Pesanteur des gaz.—Pressions dues à la pesanteur. — Principe d'Archimède; poids des corps dans l'air et dans le vide; aérostats.

Liquides et gaz superposés. — Extension du principe des vases communiquants. — Application au baromètre.

Construction détaillée du baromètre.— Baromètre de Fortin, de Gay-Lussac, de Bunten. — Indiquer la nécessité des corrections indiquées.

Loi de Mariotte.

Manomètre à air libre. — Manomètre à air comprimé.

Loi du mélange des gaz.

Machine pneumatique. — Degré de vide. — Machine de compression.

Principe de Torricelli.—Siphon. — Vase de Mariotte.—Fontaine de Héron. — Fontaine intermittente.

CAPILLARITÉ.

Cohésion des liquides. — Adhérence des liquides aux solides. — Lois expérimentales des phénomènes capillaires (sans calcul).

ÉLECTRICITÉ STATIQUE.

Phénomènes généraux.—Distinction des corps conducteurs et des corps non conducteurs.—Distinction des deux espèces d'électricité. — Séparation des deux électricités par le frottement. — Hypothèse des fluides électriques.

Démonstration des deux lois de l'attraction et de la répulsion des fluides électriques. — Expérience de Coulomb.

Déperdition de l'électricité. — Influence de l'air. — Influence des supports isolants ; de l'humidité condensée à la surface des supports.

Étude expérimentale de la distribution de l'électricité à la surface des corps. — Méthode du plan d'épreuves; propriétés des pointes.

Électrisation par influence. — Cas où le corps soumis à l'influence est déjà électrisé. — Étincelles. — Pouvoir des pointes.

Électrisation par influence précédant le mouvement des corps légers. — Électroscope.

Machines électriques de Van-Marum, de Nairn, d'Armstrong.

Condensateur à lame d'air. — Accumulation d'électricité sur la surface de cet appareil. — Bouteille de Leyde. — Batteries. — Décharges électriques. — Effets principaux.

Électroscope condensateur. — Électrophore.

Électricité atmosphérique. — Phénomènes observés par un ciel serein. — Électricité des nuages. — Orage. — Éclair. — Tonnerre. — Effets de la foudre. — Choc en retour. — Paratonnerre.

Indication des sources diverses d'électricité statique.

MAGNÉTISME.

Aimants naturels. — Action sur le fer et sur l'acier. — Aimants artificiels. — L'action attractive paraît concentrée vers les extrémités des barreaux. — Première idée des pôles.

Direction d'un barreau aimanté sous l'action de la terre. — Action réciproque des pôles de deux aimants. — Dénomination des pôles.

Phénomènes d'influence. — Action d'un aimant sur un barreau de fer doux. — Action sur un barreau d'acier. — Force coercitive. — Effet de la rupture d'un barreau aimanté. — Idée théorique sur la constitution des aimants. — Définition précise des pôles.

Action de la terre. — Elle se réduit à un couple. — On peut la détruire sensiblement par l'action d'un aimant convenablement placé. — Définition de la déclinaison, de l'inclinaison, du méridien magnétique.

Lois des attractions et des répulsions magnétiques déterminées par la méthode des oscillations.

Procédé d'aimantation. — Armatures. — Points conséquents. — Influence de la trempe, de l'écrouissage, de la chaleur. — Aimantation par l'action de la terre.

Liste des métaux magnétiques.

GÉOMÉTRIE DESCRIPTIVE.

Problèmes relatifs au point, à la droite et au plan.

Par un point donné dans l'espace, mener une droite parallèle à une droite donnée, et trouver la grandeur d'une partie de cette droite.

Par un point donné, mener un plan parallèle à un plan donné.

Construire le plan qui passe par trois points donnés dans l'espace.

Deux plans étant donnés, trouver les projections de leur intersection.

Une droite et un plan étant donnés, trouver les projections du point ou la droite rencontre le plan.

Par un point donné, mener une perpendiculaire à une droite donnée, et construire les projections du point de rencontre des deux droites.

Changement des plans de projection.

Un plan étant donné, trouver les angles qu'il forme avec les plans de projection.

Deux plans étant donnés, construire l'angle qu'ils forment entre eux.

Deux droites qui se coupent étant données, construire l'angle qu'elles font entre elles.

Construire l'angle formé par une droite et par un plan donnés de position dans l'espace.

PROBLÈMES RELATIFS AUX PLANS TANGENTS.

Mener un plan tangent à une surface cylindrique ou à une surface conique :

1° Par un point pris sur la surface ;

2° Par un point pris hors de la surface ;

· 3° Parallèlement à une droite donnée.

Par un point pris sur une surface de révolution dont on connaît le méridien mener un plan tangent à cette surface.

PROBLÈMES RELATIFS AUX INTERSECTIONS DE SURFACES.

Construire la section faite sur la surface d'un cylindre droit et vertical par un plan perpendiculaire à l'un des plans de projection. — Mener la tangente à la courbe d'intersection. — Faire le développement de la surface cylindrique, et y rapporter la courbe d'intersection ainsi que la tangente.

Construire l'intersection d'un cône droit par un plan perpendiculaire à l'un des plans de projection. — Développement et tangente.

Construire la section droite d'un cylindre oblique. — Mener la tangente à la courbe d'intersection. — Faire le développement de la surface cylindrique et y rapporter la courbe qui servait de base ainsi que ses tangentes.

Construire l'intersection d'une surface de révolution par un plan et les tangentes à la courbe d'intersection. — Résoudre cette question lorsque la ligne génératrice est une droite qui ne rencontre pas l'axe.

Construire l'intersection de deux surfaces cylindriques et les tangentes à cette courbe.

Construire l'intersection de deux cônes obliques et les tangentes à cette courbe.

Construire l'intersection de deux surfaces de révolution dont les axes se rencontrent.

PROGRAMMES DES COURS PRÉPARATOIRES.

ANALYSE ET MÉCANIQUE.

ANALYSE INFINITÉSIMALE.

Calcul différentiel.

Des fonctions.—Méthode infinitésimale. — Différentielles et dérivées.

Différentiation des fonctions simples. — Des fonctions de fonctions. — Des fonctions composées. — Des fonctions implicites.—Des fonctions de plusieurs variables.—Différentiation des divers ordres.

Développement des fonctions en série.—Séries de Taylor et de Maclaurin. — Séries de l'exponentielle, du sinus, du cosinus, du binôme de Newton. — Séries circulaire et logarithmique.—Formules d'Euler et de Moivre.

Théorie des maxima.

Expressions indéterminées.

Décomposition des fractions rationnelles en fractions simples.

Tangentes et normales en coordonnées rectangulaires et polaires. — Points maxima. — Concavité et convexité, inflexions.

Cercle osculateur. — Rayon de courbure en coordonnées rectangulaires et polaires.

Enveloppes, développées.

Théorie géométrique de la cycloïde.

Courbes à double courbure. — Tangente, plan normal, plan osculateur, rayon de courbure.

Surfaces courbes. — Plan tangent, normale, contour apparent.

Calcul intégral.

Son objet, constantes arbitraires.

Intégration par transformation, par décomposition, par parties. — Exemples les plus importants.

Intégration des fonctions rationnelles.

Intégrales définies. — Formule de Simpson.

Quadratures. — Rectifications. — Cubatures.

Équations différentielles.—Équation linéaire du premier ordre.— Équation homogène. — Équations linéaires à coefficients constants. — Équations simultanées.

MÉCANIQUE.

Projections et moments.

Droites et faisceaux. — Résultante et composantes. — Parallélogramme et parallélipipède.—Formules générales.

Projections. — Théorème de Carnot.

Moments relatifs à un axe et à un point. — Théorème de Varignon.

Cinématique pure.

Mouvement d'un point.—Mouvement uniforme.—Mouvement varié.—Courbes représentatives.—Appareils enregistreurs. — Mouvement projeté. — Équations du mouvement.

Mouvement d'un solide.—Translation, rotation.—Centre instantané. — Son usage pour le tracé des tangentes. — Mouvement le plus général d'un corps.— Mouvement continu.

Composition des mouvements d'un point. — Parallélogramme et polygone des vitesses.

Composition des mouvements d'un solide. — Translation

et translation. — Translation et rotation. — Rotation et rotation dans les divers cas qui peuvent se présenter. — Mouvements quelconques. — Des mouvements apparents.

Accélération dans le mouvement rectiligne. Mouvement uniformément varié. — Accélérations totale, tangentielle, centripète du mouvement curviligne. — Composition des accélérations dans le cas le plus général, accélération centripète composée.

Cinématique appliquée.

Classification et théorie géométrique des organes de machines.

Galets à rapport de vitesses constant ou variable : galets fixes, mobiles ou d'interposition; galets plans ou sphériques. — Méthode d'Euler.

Glissières cylindriques, de révolution ou hélicoïdales; glissières-guides ou glissières-transmissions.

Excentriques à rainure ou à cadre.—Rainures rectiligne, plane, cylindrique, conique. — Cadre perpendiculaire et cadre circonscrit. — Excentriques à repos, à mouvement uniforme, à mouvement sinusoïdal. — Excentriques variables de Saulnier, de Meyer.

Engrenages, méthodes générales. — Engrenages à flanc, à développantes, à lanterne, à épicycloïdes.—Crémaillères. — Engrenages cylindriques ou coniques. — Engrenage de White.—Vis sans fin.—Trains ordinaires, épicycloïdaux ou irréguliers; continus, discontinus, intermittents, alternatifs.

Bielles. Théorie géométrique. — Tiges, balanciers, manivelles, et leurs six combinaisons. — Parallélogramme de Watt. — Joints hollandais, de Hooke, d'Oldham.

Cordes, courroies ou chaînes. — Poulies et moufles. — Courroies sans fin.

Liquides et gaz. — Cylindres, pistons, soupapes, tiroirs.

Embrayages par manchons, courroies, arbres creux,

arbres à came.—Coulisse de Stephenson.—Déclics.—Encliquetages.

Régulateurs de destruction, d'emmagasinement ou directs.—Freins, échappements, obturateurs, volants à ailettes.—Volants, ressorts, contre-poids.—Modérateurs à force centrifuge, à ressort, à eau, à air.

Dynamique du point matériel.

Postulatums expérimentaux de l'inertie et de l'indépendance des effets des forces et de la vitesse acquise.—Conséquences immédiates.—Parallélogramme des forces.—Des masses.—Relation fondamentale de la force, de la masse et de l'accélération.

Des forces au point de vue industriel.—Travail.—Propriétés du travail.—Son évaluation.—Dynamomètres.

Mouvement rectiligne.—Intégration de l'équation lorsque la force n'est fonction que du temps ou de l'espace ou de la vitesse.—Mouvement vertical des graves dans le vide.—Mouvement tautochrone des ressorts.—Mouvement rectiligne avec une résistance proportionnelle à la vitesse.

Mouvement curviligne.—Ses équations.—Mouvement des projectiles dans le vide.—Portées horizontale et oblique.—Courbe de sûreté.—Calcul des hausses de tir.

Propriétés générales du mouvement.—Forces totale, tangentielle, centripète.—Théorème de la force vive.—Théorèmes des projections et des moments de la quantité de mouvement.—Théorème des aires.—Formule de Binet.—Lois de Képler, loi de la gravitation.

Liaisons.—Loi du mouvement.—Réaction de la trajectoire.—Plan incliné.—Pendule cycloïdal.—Pendule simple pour les petites oscillations.—Échappement dans les demiliaisons.

Mouvement relatif.—Machine à essorer.—Régulateur à boules.—Inclinaison transversale de la voie ferrée dans les courbes.—Variation du poids à la surface de la terre.

—Écart vers l'Est dans la chute des graves.— Mouvement de l'eau dans les turbines.

Géométrie des masses.

Corps homogènes et hétérogènes. — Masse spécifique, poids spécifique, densité. — Unités usuelles. — Calcul des masses.

Centres de gravité. — Théorème des moments. — Recherche des centres de gravité. —Exemples les plus importants. — Théorèmes de Guldin.

Moments d'inertie. — Translation de l'axe. — Ellipsoïde d'inertie. — Axes principaux. — Exemples les plus importants.

Longueur d'oscillation. — Sa réciprocité. — Exemples les plus importants.

Statique.

Postulatum expérimental de l'égalité entre l'action et la réaction. — Forces extérieures et intérieures. — Évaluation de la somme des travaux de ces dernières.

Théorie générale de l'équilibre. — Théorème du travail virtuel. —Liaisons. — Solides invariables. —Les six équations d'équilibre. — Systèmes à liaison complète. — Exemples choisis parmi les machines simples les plus importantes. — Polygone funiculaire. —Équilibre relatif.

Théorie générale de l'équivalence des forces et en particulier de celles qui sont appliquées à un solide. — Résultante unique. — Théorie des couples. — Réduction générale à une force et à un couple ou à deux forces. — Application aux forces totales du mouvement de rotation.

Systèmes pesants. — Résultante unique appliquée au centre de gravité des solides. — Systèmes pesants à liaisons.—Solide tournant autour d'un axe fixe.—Solide posé sur un plan horizontal.—Balances : ordinaire, de Roberval, de Quintenz, de Sanctorius, romaine, peson, etc.

Hydrostatique. — Principe de Pascal. Pression. Manomètres. — Équilibre des fluides pesants. — Liquides, baromètre, manomètre, siphon. — Liquides superposés, vases communiquants. — Gaz, formule orométrique. — Pressions sur les parois. Paradoxe hydrostatique. Centre de pression. Pressions dans les chaudières à vapeur. — Parois flottantes, principe d'Archimède.

Dynamique des systèmes.

Principe de d'Alembert. — Équations immédiates du mouvement d'un solide. — Solide tournant autour d'un axe fixe. — Pendule composé. — Réactions de l'axe d'un corps tournant. — Axes permanents de rotation. — Suspension des meules.

Propriétés générales du mouvement. — Théorème du mouvement du centre de gravité. — Théorèmes des projections et des moments des quantités de mouvement. — Théorème des forces vives. — Décomposition de la force vive par la considération du centre de gravité. — Stabilité de l'équilibre des systèmes pesants.

Théorie des chocs. — Choc direct des billes élastiques, réflexion sur les bandes. — Perte de force vive, battage des pilotis. — Contre-coup sur les axes, marteaux de forge. — Pendule balistique.

Des machines. — Théorème de la transmission du travail, rendement. — Impossibilité du mouvement perpétuel. — Théorie et calcul des volants. — Régulateurs. — Frein dynamométrique de Prony.

Résistances passives.

Frottement, ses lois, ses formules. — Frottement dans les machines et arc-boutement : plan incliné, tourillon, pivot, engrenages, valet de menuiserie, encliquetage Dobo, vis, coin. — Effets du mouvement sur le frottement, embrayage à cônes de friction. — Freins d'arrêt. — Locomotives.

Résistance au roulement.— Transport des matériaux sur des rouleaux. — Glissement suivi de roulement d'une bille de billard. — Rouleau pesant sur un plan incliné.

Résistances des cordes.—Frottement des cordes, frein à bande de tôle, frein Chameroy, courroies sans fin.— Roideur des cordes, calcul des palans.

Résistances des fluides. — Frottement des milieux, ses effets principaux sur les projectiles. — Résistance des milieux à la pénétration directe. Chute verticale des graves dans l'atmosphère, parachute.

TRIGONOMÉTRIE SPHÉRIQUE.

Formules immédiates : fondamentale, corrélative, des sinus, des cotangentes.

Formules calculables par logarithmes : des demi-angles, des demi-côtés, de Delambre, de Neper.

Formules des triangles rectangles, règle du pentagone de Newton.

Résolution des triangles rectangles et des triangles quelconques, sans la discussion des cas douteux.

Évaluation de l'excès sphérique, du volume du parallélipipède, de la longueur d'un arc géographique.

GÉOMÉTRIE DESCRIPTIVE, CHARPENTE ET STÉRÉOTOMIE.

I. — GÉOMÉTRIE DESCRIPTIVE.

COURBES GAUCHES.—Plan osculateur.—Cercle osculateur. — Rayon et cercle de courbure. — Développantes. — Développée.

SURFACES DÉVELOPPABLES. — Notions sur les surfaces-enveloppes, les enveloppées et les caractéristiques. — Arête de rebroussement. — Divers modes de génération. — Développement.

Hélicoïde développable. — Projections, plans tangents, sections. — Développement.

SURFACES GAUCHES. — Divers modes de génération. — Hyperboloïde à une nappe (rappel des propriétés).

Paraboloïde hyperbolique. — Projections diverses. — Étude des variations du plan tangent. — Sections. — Diamètres.—Sommet.

Raccordement des surfaces gauches. — Point central. — Ligne de striction.

Surfaces gauches à plan directeur. — Conoïdes.

Hélicoïdes. — Surfaces de vis à filet triangulaire et à filet carré : (Représentation. Plans tangents. Sections. Ligne de striction). — Représentation et ombres des vis et des écrous.

COURBURE DES SURFACES. —Indicatrice. — Ligne de courbure.— Tangente aux courbes d'ombre. — Complément de la théorie des ombres. — Point brillant. — Pénombre. — Reflets.

PERSPECTIVES. — Propriétés générales; emploi.

Perspective axonométrique, isométrique et cavalière.

Perspective conique. — But. — Applications diverses. — Voûte d'arêtes.—Détermination directe des ombres.— Problème inverse de la perspective. — Application à la construction des plans à l'aide de deux ou plusieurs vues photographiques.

PROJECTIONS COTÉES. — *Plans cotés.* — Problèmes divers sur la ligne droite, le plan, les cônes et les cylindres.

Surfaces topographiques.—Représentation.— Problèmes divers. — Emploi des surfaces topographiques par la représentation des fonctions à deux variables.

Cartes topographiques. — Modes de représentation adoptés par les différents pays.—Signes et figurés conventionnels. — Reliefs topographiques.

II. — CHARPENTE.

Assemblages.—Projections et perspectives des principaux assemblages.— Lignes de moindre résistance.— Ferrures.

Combles.—Éléments d'une ferme.— Exemples divers.— Croupe droite.—Croupe biaise. (Arbalétriers.—Poinçon. — Empanons droit et déversé.) Enrayure.—Ferme sous faîte.

Charpentes métalliques et mixtes.— Éléments.— Assemblages. — Exemples de dispositions diverses appliquées dans les grandes constructions industrielles.

Exécution des ouvrages de charpente. — Équarrissage.— Lignage et contre-lignage. — Salles d'épures.—Piqué des bois.

Escaliers. — Définitions. — Éléments. — Établissement des marches.

Escalier en courbe rampante.—Balancement des marches. Projections de l'échiffre.— Assemblages. — Éléments de la taille du limon.—Paliers.

III. — STÉRÉOTOMIE.

Généralités. — Définitions, épures.

Voûtes simples.—Porte biaise en talus.—Descente droite et biaise en talus. — Porte biaise en tour ronde. — Plates-bandes, etc... (Représentations : complète ; éléments de la taille du voussoir.)— Méthode générale de Desargues.

Arche biaise.—Biais passé (gauche, en corne de vache). — Appareil orthogonal. — Appareil hélicoïdal : Théorie complète. Foyers. Angles. Points d'équilibre. Détails du voussoir. Éléments de la taille. —Appareil hélicoïdal simplifié. — Arches à plans de tête non parallèles. — Voussures.

Voûtes composées.— Berceau coudé. — Voûte d'arêtes. — Voûte en arc de cloître. — Voûte en lunette. — Arcs doubleaux.

Voûtes de révolution. — Voûte sphérique : Équilibre des lits isolés. Taille par l'écuelle. — Voute sphérique avec pendentifs.

Escaliers. — Escalier en vis à jour. — Escalier à noyau plein.

PHYSIQUE.

CHALEUR.

Effets généraux de la chaleur. — Choix arbitraire d'un de ces effets pour définir l'état thermique d'un corps. — Température, thermomètre.—Construction, comparabilité.

Dilatation des solides et des liquides.—Méthode de M. Regnault pour la dilatation absolue du mercure.

Dilatation des gaz.—Relation entre le volume, la densité et la température d'un gaz. — Thermomètre à air.

Changements d'état.—Phénomènes qui les accompagnent. —Chaleur latente de fusion et de volatilisation.—Influence de la pression, de l'état de la surface.—Caléfaction.

Propriétés des vapeurs dans le vide et dans les gaz.—Vapeurs saturées.— Tension maximum. — Ébullition. — Détermination expérimentale des tensions de la vapeur d'eau. — Expériences et formule de M. Regnault. — Mélange des gaz et des vapeurs.—Application à l'hygromètre de M. Regnault.—Rosée.— Densité des vapeurs.

Chaleurs spécifiques. — Méthode générale des mélanges et ses applications.—Chaleur spécifique des gaz à pression constante et à volume constant. — Expériences de M. Regnault sur la chaleur spécifique à pression constante.

Notions sur l'équivalent mécanique de la chaleur. — Sources de chaleur. — Pouvoirs calorifiques. — Applications diverses.

Rayonnement de la chaleur. — Pouvoir émissif et pouvoir absorbant.—Propagation à distance.— Exposé de la loi du refroidissement. — Formule de Newton. — Travaux de MM. Dulong et Petit.—Propagation par contact.—Conductibilité. — Expériences. — Formules.

ÉLECTRICITÉ DYNAMIQUE.

Galvanisme.—Sources diverses d'électricité.—Disque de Volta.—Tension aux extrémités.—Pôles. — Conducteur.— Courant continu. — Sens du courant. — Piles de Volta, de Wollaston, de Münch.

Actions des courants. Chaleur dégagée dans le circuit. — Voltamètres. — Principes de la galvanoplastie. — Causes de l'inconstance des courants. — Piles de Daniel, de Bunsen. — Actions mécaniques. — Solénoïdes. — Action de courants sur les aimants et des courants sur eux-mêmes.— Expériences d'Ampère. — Action de la terre sur les courants. — Électro-aimant. — Télégraphie électrique. — Moteurs électriques.

Rhéométrie. — Boussole des sinus et des tangentes. — Galvanomètres. — Rhéostats. — Intensité dynamique d'un courant dans un circuit homogène. — Courants dérivés. — Formule de la pile.—Discussion, application à l'établissement d'une pile suivant les effets à produire.

Phénomènes d'induction. — Machine de Rhumkorff. — Production d'électricité statique.— Propriétés calorifiques, lumineuses et physiologiques.

ACOUSTIQUE.

Phénomènes généraux.—Mode de propagation des ondes sonores.—Vitesse.— Vibrations longitudinales et transversales.

OPTIQUE.

Propagation et vitesse de la lumière. — Travaux de Roemer, de Foucault, etc.

Photométrie. — Photomètre de Foucault. — Dispositions adoptées par la ville de Paris pour la vérification du pouvoir éclairant du gaz.

Réflexion de la lumière. — Miroirs plans et courbes. — Formules.

Réfraction de la lumière. — Loi de Descartes. — Foyers d'une surface sphérique. — Lentilles. — Établissement et discussion de la formule.—Centre optique.—Observations. — Mesure des indices de réfraction. — Goniomètres.

Dispersion. — Spectre. — Spectre pur. — Méthode de Frauenhofer. — Raies. — Spectroscope — Recomposition de la lumière. — Achromatisme.

Instruments d'optique. — Chambre noire. — Chambre claire.— Microscope solaire. — Loupe. — Lunettes. — **Mi**croscope. — Grossissement de ces divers appareils.—**Ocu**laire positif et négatif.

Vision.—Description de l'œil.—Myopie, presbytisme.— Vision binoculaire. — Sensation du relief. — Stéréoscope.

Optique physique.—Explication des phénomènes optiques les plus simples dans la théorie des ondulations. — Principes généraux de la double réfraction et de la polarisation.

COURS DE CHIMIE GÉNÉRALE.

Notions générales sur les propriétés des corps, sur les forces physiques et chimiques. — Nomenclature chimique. — Représentation des combinaisons des corps simples par des formules. — Des lois qui régissent les combinaisons. — Équivalents. — Indication sur les atomes.

PREMIÈRE PARTIE.

Étude des métalloïdes.

CORPS SIMPLES MÉTALLOÏDES.

Oxygène. — Propriétés. — Préparation.

Hydrogène. — Propriétés. — Préparation. — Hydrogène sec et pur. — Son emploi comme réducteur.

Soufre. — Propriétés. — État naturel. — Extraction.

Phosphore. — Propriétés. — Préparation.

Arsenic. — Propriétés. — Extraction.

Azote. — Propriétés. — Préparation.

Chlore. — Propriétés. — Préparation. — Son emploi comme oxydant.

Brome. — Propriétés. — Préparation.

Iode. — Propriétés. — Extraction.

Fluor.

Carbone. — État naturel. — Diamant. — Charbons minéraux et végétaux. — Noir animal, — Propriétés du carbone. — Propriétés absorbantes des charbons poreux.

Bore. — Propriétés. — Préparation. — Silicium. — Propriétés. — Préparation.

Équivalents en volume des gaz. — Énoncé de la loi des proportions multiples. — Eudiomètre ordinaire, de Gay-Lussac, de Volta.

Air. — Procédés simples d'analyse au point de vue des réactions oxydantes. — Composition de l'air. — L'air est un mélange.

COMBINAISONS DES MÉTALLOÏDES ENTRE EUX.

Oxygène avec les métalloïdes.

Oxygène avec l'hydrogène.

Eau. — Propriétés physiques. — Eau distillée. — État naturel. — Eaux potables; eaux impures; eaux salées; eaux minérales. — Emploi de la vapeur d'eau au laboratoire.

Bioxyde d'hydrogène. — Propriétés. — Préparation.

Oxygène avec le soufre.

Acide sulfureux. — Acide sulfurique : anhydre, de Nordhausen, ordinaire. — Acide hyposulfurique. — Acide hyposulfureux. — Préparation des hyposulfites.

Oxygène avec le phosphore.

Acide hypophosphoreux. — Acide phosphoreux. — Acide phosphorique : anhydre; acide métaphosphorique : sa préparation en portant un phosphate terreux naturel; acide pyrophosphorique; acide phosphorique ordinaire.

Oxygène avec l'arsenic.

Acide arsénieux. — Acide arsénique.

Oxygène avec l'azote.

Protoxyde d'azote. — Bioxyde d'azote. — Acide azoteux. — Acide hypoazotique.—Acide azotique. — Propriétés. — Préparation. — Acide azotique pur.

Oxygène avec le chlore.

Acide chlorique. — Acide perchlorique. — Acide hypochlorique. — Acide chloreux. — Acide hypochloreux.

Oxygène avec le brome.

Acide bromique.
Oxygène avec l'iode.
Acide iodique, acide hyperiodique.
Oxygène avec le bore.
Acide borique. — Son extraction.
Oxygène avec le silicium.
Acide silicique. — États divers de la silice. — Sa préparation en partant soit d'un silicate attaquable, soit d'une argile ou kaolin.
Oxygène avec le carbone.
Acide carbonique. — Oxyde de carbone.

Hydrogène avec les métalloïdes.

Division en hydracides, composés neutres, et ammoniaque.
Hydrogène avec le soufre.
Hydrogène sulfuré. — Bisulfure d'hydrogène.
Hydrogène avec le phosphore.
Hydrogènes phosphoreux, gazeux, liquide, solide.
Hydrogène avec l'arsenic.
Hydrogène arsénié.
Hydrogène avec l'azote.
Gaz ammoniac. — Ammoniaque. — *Ammonium.*
Hydrogène avec le chlore, le brome, l'iode et le fluor.
Acides chlorhydrique, bromhydrique, iodhydrique, fluorhydrique.
Hydrogène avec le carbone.
Hydrogène protocarboné : grisou ; gaz des marais. — Hydrogène bicarboné : gaz oléfiant.

Soufre avec les métalloïdes.

Soufre avec le phosphore.
Soufre avec l'arsenic.
Réalgar, orpiment, acide sulfarsénique.
Soufre avec le chlore.
Protochlorure. — Perchlorure de soufre.

Soufre avec le carbone.
Sulfure de carbone.
Soufre avec le bore et le silicium.
Sulfures de bore et de silicium.

Phosphore avec les métalloïdes.

Phosphore avec le chlore.
Protochlorure. — Deutochlorure.

Arsenic avec les métalloïdes.

Arsenic avec le chlore.
Chlorure d'arsenic.

Azote avec les métalloïdes.

Azote avec le chlore.
Chlorure d'azote.
Azote avec l'iode.
Iodure d'azote.
Azote avec le carbone.
Cyanogène.

Chlore avec les métalloïdes.

Chlore avec le brome, l'iode, le carbone, le bore, le silicium.

Fluor avec les métalloïdes.

Fluorure de bore. — Acides fluoborique et hydrofluoborique.
Fluorure de silicium. — Acide hydrofluosilicique.

DEUXIÈME PARTIE.

Étude des métaux.

Répartition des métaux en six sections :
Propriétés générales des métaux. — Alliages.
Oxydes métalliques.
Sulfures métalliques. — Phosphures. — Arséniures.
Des sels proprement dits. — Propriétés générales. — Lois de Berthollet.

Propriétés générales et caractères (au point de vue de l'acide) des sulfates, sulfites, hyposulfates, hyposulfites, phosphates, phosphites, hypophosphites. — Arséniates. — Arsénites. — Azotates. — Azotites. — Chlorates. — Perchlorates. — Chlorites. — Hypochlorites. — Bromates. — Iodates. — Hyperiodates. — Borates. — Silicates. — Carbonates. — Chlorures. — Bromures. — Iodures. — Fluorures.

PREMIÈRE SECTION.

Potassium. — Oxydes. — Caractères des sels de potasse. —Combinaisons du potassium avec le soufre, le phosphore, l'azote, le chlore, le brome, l'iode et le fluor. — Sulfates de potasse. — Azotate. — Chlorate. — Silicates. — Carbonates. — Préparation du potassium.

Sodium. — Oxydes. — Caractères des sels de soude. — Chlorure de sodium ; sel gemme ; sel marin. — Sulfates de soude. — Phosphates. — Azotate. — Borates. — Silicates. — Carbonates. — Soude artificielle par le procédé de Leblanc : principales réactions : soude brute bien faite et soude brûlée. — Indications sur les matières premières, les produits et les résidus des usines à soude. — Fabrication du sodium.

Lithium.

Sels ammoniacaux. — Caractères distinctifs. — Sulfhydrate. — Sel ammoniac. — Sulfates. — Phosphates. — Azotate. — Carbonates.

Barium. — Oxydes. — Caractères des sels de baryte. — Sulfure, chlorure de barium. — Sulfate et carbonate de baryte. — Extraction du barium.

Strontium. — Chlorure de strontium. — Analogies et différences entre les composés du barium et ceux du strontium.

Calcium. — Chaux. — Caractères des sels de chaux. — Sulfures, chlorure, fluorure de calcium. — Sulfate de chaux. — Phosphate. — Carbonate. — Oxalate. — Hypochlorite ; chlorure de chaux. — Extraction du calcium.

Magnésium. — Magnésie. — Caractères des sels de magnésie. — Sulfure, chlorure de magnésium. — Sulfate de magnésie. — Silicates. — Carbonates. — Extraction du magnésium.

DEUXIÈME SECTION.

Aluminium. — Alumine : sa préparation en partant du kaolin. — Caractères des sels d'alumine. — Sulfure. — Chlorure d'aluminium. — Chlorure double d'aluminium et de sodium. — Fluorure double d'aluminium et de sodium. — Sulfates d'alumine. — Aluns. — Silicates d'alumine. — Extraction de l'aluminium. — Alliages avec le cuivre.

TROISIÈME SECTION.

Manganèse. — Oxydes de manganèse. — Préparation de l'oxyde rouge en partant d'un minerai. — Caractères des sels de manganèse. — Manganates et permanganates. — Sulfure. — Chlorures. — Sulfates. — Carbonate. — Borate. — Extraction.

Fer. — Oxydes. — Préparation du peroxyde en partant de divers minerais de fer. — Caractères des sels de fer. — Sels de protoxyde. — Sels de sesquioxyde. — Passage d'une série à l'autre. — Sulfures. — Phosphures. — Arséniures.

— Carbures. — Fontes. — Aciers. — Chlorures. — Sulfates. — Carbonate. — Préparation du fer pur au laboratoire.

Cobalt. — Oxydes. — Caractères des sels. — Sulfures et chlorure. — Extraction du cobalt.

Nickel. — Oxydes. — Caractères des sels. — Extraction du nickel.

Zinc. — Oxyde ; sa préparation, en partant soit de la blende, soit de la calamine. — Caractères des sels de zinc. — Sulfure. — Chlorure. — Sulfates. — Azotate. — Carbonates. — Préparation du zinc pur au laboratoire.

Cadmium. — Oxyde. — Caractères des sels. — Sulfure. — Extraction.

Chrome. — Combinaisons avec l'oxygène. — Préparation du sesquioxyde de chrome en partant du fer chromé. — Caractères des sels de chrome. — Chromites. — Sulfures de chrome. — Chlorures de chrome. — Acide chlorochromique. — Sulfates de chrome. — Alun. — Chromates. — Chromate neutre et bichromate de potasse. — Chromates de plomb. — Extraction du chrome.

QUATRIÈME SECTION.

Étain. — Oxydes d'étain ; acides stannique et métastannique. — Préparations du bioxyde et du protosulfure d'étain en partant du minerai d'étain.

Caractères des sels d'étain. — Sels de protoxyde. — Sels de bioxyde. — Sulfures. — Chlorures. — Extraction de l'étain pur. — Alliage d'étain et de fer.

Antimoine. — Combinaisons avec l'oxygène. — Hydrogène antimonié. — Caractères des sels d'antimoine. — Antimoniates et métaantimoniates. — Sulfures. — Kermès. — Oxysulfures. — Chlorures. — Extraction de l'antimoine pur. — Alliages d'antimoine avec le potassium. — Alliage de Réaumur.

CINQUIÈME SECTION.

Bismuth. — Combinaisons avec l'oxygène. — Caractères des sels. — Sulfures. — Chlorure. — Azotate. — Sous-azotate. — Extraction et purification du Bismuth.

Cuivre. — Oxydes. — Caractères des sels d'oxydule, des sels d'oxyde. — Sulfures de cuivre. — Préparation du protosulfure en partant, soit d'une pyrite de cuivre, soit d'un cuivre gris. — Chlorures. — Sulfates. — Arsenite. — Carbonates. —Préparation du cuivre pur.

Alliages.— Laiton.—Maillechort.—Bronzes.—Monnaies.

Plomb. — Combinaisons avec l'oxygène. — Caractères des sels. — Sulfure de plomb. — Chlorure. — Iodure. — Fluorure. — Sulfate. — Sa préparation en partant soit d'une galène pure; soit d'une galène avec pyrite de fer et quartz; soit d'un mélange galène, blende, pyrite de cuivre, quartz et baryte sulfatée. — Phosphate. — Azotates. — Azotites. — Carbonate : céruse. — Silicates. —Extraction du plomb pur.

Alliages avec le zinc, l'étain, l'antimoine, le bismuth : alliages fusibles.

SIXIÈME SECTION.

Mercure. — Oxydes. — Caractères des sels d'oxydule, des sels d'oxyde. — Sulfures : cinabre. — Chlorures. — Iodures. — Sulfates. — Azotates. — Oxyde ammonio-mercurique. — Extraction du mercure. — Amalgames.

Argent. — Oxyde. — Caractères des sels. — Sulfure. — Chlorure. — Bromure. — Iodure. — Fluorure. — Sulfate. — Sulfite. — Hyposulfite. — Azotate. — Préparation de l'argent pur au laboratoire. — Vases d'argent qui y sont employés. — Alliages avec le cuivre, le plomb; amalgame d'argent; arbre de Diane.

Or. — Combinaisons avec l'oxygène. — Caractères de la

dissolution de chlorure d'or. — Aurates. — Sulfures. — Chlorures. — Or fulminant. — Pourpre de Cassius. — Hyposulfite d'or et de soude. — Or pur. — Alliages avec le fer, le cuivre, le plomb; amalgame; alliage avec l'argent. — Principe de l'essai des alliages d'or et de cuivre. — Affinage.

Platine; platine fondu et forgé; mousse et noir de platine. — Oxydes. — Caractères des sels de protoxyde, des sels de bioxyde. — Sulfures et chlorures de platine. — Chlorures doubles avec le potassium, le sodium, l'ammonium. — Indications sur les bases ammoniaco-platiniques. — Minerai. — Extraction du platine. — Alliages. — Ustensiles en platine au laboratoire.

TROISIÈME PARTIE.

Notions de chimie organique.

Matières organiques. — Principes immédiats. — Analyse immédiate. — Analyse élémentaire.

Corps neutres ou principes immédiats des végétaux :

Ligneux. — Cellulose. — Amidon. — Dextrine. — Gommes. — Sucres; sucre de lait, glucose, sucre de canne.

Acides organiques :

Acide oxalique. — Oxalates. — Amides.
Acide formique.
Acide acétique. — Acétates.
Acide lactique.
Acide tartrique. — Tartrates.
Acide malique.
Acide citrique.
Tannin ou acide tannique. — Acides gallique et pyrogallique.
Alcalis organiques.
Essences ou huiles essentielles. — Résines. — Vernis.

Caoutchouc et gutta-percha.

Principaux produits extraits du goudron de houille :

Huiles légères, huiles lourdes, brai. — Acide phénique, acide picrique ; benzine, nitrobenzine, aniline.

Alcools. — Alcool vinique. — Acide sulfovinique. — Éther.

Corps gras :

Graisses ; huiles grasses siccatives et non siccatives. — Principes immédiats des corps gras. — Saponification. — Acides stéarique, margarique, oléique ; glycérine. —Savons. — Bougies stéariques.

Principes immédiats de l'organisation animale :

Fibrine. — Albumine. — Caséine. — Gélatine.

Produits d'excrétion : Urine. — Urée. —Acide urique.

Composés du cyanogène :

Acide cyanique. — Cyanates. — Fulminates de mercure et d'argent. — Acide cyanurique. — Cyanurates.

Acide cyanhydrique. — Cyanures. — Cyanure de potassium. —Cyanure de mercure. — Cyanures doubles. —Ferrocyanures. — Ferricyanures. — Bleu de Prusse. — Sulfocyanures d'ammonium et de potassium.

PROGRAMMES DES COURS SPÉCIAUX.

COURS D'EXPLOITATION DES MINES ET DE MACHINES.

Programme du cours d'exploitation.

1re LEÇON. — Objet du cours. — Rappel sommaire des notions de géologie nécessaire pour définir les gisements en couches, en filons et en amas.

2ᵉ LEÇON. — Exemples divers de gisements en couches.

3ᵉ LEÇON. — Exemples divers de gisements en filons et en amas. — Failles et rejets. — Règle de Schmidt.

4ᵉ LEÇON. — Des travaux de recherches et explorations en général.

5ᵉ LEÇON. — Recherches par sondages. — Théorie générale des puits artésiens. — Description des procédés du sondage.

6ᵉ LEÇON. — Suite de la description des procédés du sondage.

7ᵉ LEÇON. — Suite de la description des procédés du sondage.

8ᵉ LEÇON. — Suite et fin de la description des procédés du sondage ; données numériques diverses. — Sondages à grands diamètres.

9ᵉ LEÇON. — Classification du rocher au point de vue des procédés d'entaillement. — Travail des roches tendres ou demi-dures.

10ᵉ LEÇON. — Travail des roches dures. — Tirage à la poudre.

11ᵉ LEÇON. — Exemples divers du travail des roches; données numériques.

12ᵉ LEÇON. — Résumé concernant les divers moyens mécaniques employés ou proposés pour remplacer le travail ordinaire des mineurs.

13ᵉ LEÇON. — Soutènement des travaux souterrains au moyen du boisage.

14ᵉ LEÇON. — Application à divers exemples; souterrains à grande section; terrains mouvants.

15ᵉ LEÇON. — Soutènement des travaux souterrains au moyen du muraillement. — Application à divers exemples.

16ᵉ LEÇON. — Résumé concernant les procédés de fonçage des puits dans des terrains aquifères et plus ou moins coulants. — Système Triger, Guibal, Kind et Chaudron.

17ᵉ LEÇON. — Données numériques concernant le boisage et le muraillement des divers travaux souterrains.

18ᵉ LEÇON. — Généralités sur l'ensemble des travaux d'une mine. — Énumération des conditions multiples que doit remplir une bonne méthode d'exploitation.

19ᵉ LEÇON. — Description des méthodes d'exploitation applicables aux filons et aux amas.

20ᵉ LEÇON. — Exploitation des couches de houille minces ou de médiocre épaisseur.

21ᵉ LEÇON. — Exploitation des couches de houille puissantes diversement inclinées.

22ᵉ LEÇON. — Exploitations diverses.

23ᵉ LEÇON. — Rapprochement entre les diverses méthodes d'exploitation. — Moyens généraux de se procurer des remblais. — Exploitation à ciel ouvert.

24ᵉ LEÇON. — Du transport intérieur dans les mines. — Construction de la voie et du matériel roulant.

25ᵉ LEÇON. — Suite de la voie et du matériel roulant.

26ᵉ LEÇON. — Plans automoteurs, — Données numériques sur le transport intérieur.

27ᵉ LEÇON. — Transports intérieurs au moyen de machines fixes ; — galeries navigables.

28ᵉ LEÇON. — De l'extraction. — Comparaison entre les différents moteurs.

29ᵉ LEÇON. — Calcul des câbles plats et des bobines.

30ᵉ LEÇON. — Chaînes, contre-poids et autres moyens d'équilibrer les câbles. — Construction des chevalements, en bois, en métal ou en maçonnerie.

31ᵉ LEÇON. — Places d'accrochages, bennes, cages guidées, parachutes et autres détails.

32ᵉ LEÇON. — Organisation de l'extraction dans une mine profonde et à grande production. — Données numériques diverses.

33ᵉ LEÇON. — Variantes d'appareils d'extraction. — Systèmes Mehu, Guibal, Lemielle, — Fahrkunst. — Échelles. — Installation des descenderies ordinaires.

34ᵉ LEÇON. — De l'épuisement en général. — Épuisements intérieurs. — Des galeries d'écoulement.

35ᵉ LEÇON. — Des divers moteurs employés à l'épuisement. — Roues hydrauliques, machines à colonnes d'eau, machines à vapeur.

36ᵉ LEÇON. — Description d'un type d'appareil d'epuisement comprenant une machine à vapeur de Cornouailles et un système de pompes foulantes à piston plongeur.

37ᵉ LEÇON. — Dispositions à prendre pour prévenir l'affluence de l'eau dans les travaux. — Cuvelages, serrements, plates-cuves, travaux divers au jour, etc.

38ᵉ LEÇON. — De l'aérage en général. — Causes qui vicient l'air dans les mines. — Principes de la ventilation naturelle.

39ᵉ LEÇON. — De la ventilation artificielle, foyers et machines d'aérage diverses.

40ᵉ LEÇON. — Principes qui doivent présider à la répartition du courant d'air. Exemples divers de cette répartition.

41ᵉ LEÇON. — Des accidents qui peuvent se présenter dans les mines. — Grisou, lampes de sûreté. — Explosions. — Incendies spontanés. — Inondations. — Appareils de sûreté; soins à donner aux blessés.

42ᵉ LEÇON. — De la préparation mécanique en général. —Opérations préliminaires.—Cassage sur la halde, triage.

43ᵉ LEÇON. — Traitement du menu sortant. — Débourbage, classement de grosseur, traitement au crible à secousse.

44ᵉ LEÇON. — Théorie des opérations précédentes. — Du concassage et du broyage en général.

45ᵉ LEÇON. — Principes généraux du lavage sur les diverses tables. — Tables dormantes, à secousses, tournantes, à toiles, etc.

46ᵉ **LEÇON.** — Des modifications récentes apportées à la préparation mécanique. — Exemples de préparation mécanique; — données numériques diverses.

47ᵉ **LEÇON.** — Résumé général sur le cours. — Nécessité de compléter cet enseignement oral par des visites détaillées; manière d'observer utilement dans ces visites. — Quelques mots sur l'organisation administrative d'une affaire industrielle.

Programme du cours de machines.

1ʳᵉ **LEÇON.** — Objet du cours : Des machines considérées dans leur application à l'industrie. — Rappel sommaire de quelques notions de mécanique rationnelle. — Théorème général des forces vives.

2ᵉ **LEÇON.** — Application du théorème général des forces vives aux machines en mouvement.

3ᵉ **LEÇON.** — Des moteurs en général. — Données numériques sur l'emploi des moteurs animés.

4ᵉ **LEÇON.** — Résumé des notions d'*hydraulique*. — Écoulement en mince paroi. — Ajutages cylindriques ou coniques.

5ᵉ **LEÇON.** — Écoulements par de grands orifices. — Portes d'écluses, déversoirs. — Cas où les niveaux ne sont pas constants.

6ᵉ **LEÇON.** — Écoulement par des tuyaux de conduite, formules diverses (Prony, Eytelwein, de Saint-Venant).

7ᵉ **LEÇON.** — Écoulement dans des canaux à régime constant et à régime permanent.

8ᵉ **LEÇON.** — Données numériques pour l'application des formules établies dans les quatre leçons précédentes. — Procédés divers de jaugeage.

4

9ᵉ LEÇON. — Des moteurs hydrauliques en général. — Création d'une chute d'eau. — Utilisation d'une chute existante.

10ᵉ LEÇON. — Roues hydrauliques mues principalement par le poids de l'eau. — Roues à auget diverses.

11ᵉ LEÇON. — Roues de côté. — Roues en dessous, Roues à la Poncelet. — Roues pendantes sur bateaux. — Application aux bateaux à vapeur.

12ᵉ LEÇON. — Roues mues par la réaction de l'eau. — Théorie générale des turbines.

13ᵉ LEÇON. — Turbines diverses.

14ᵉ LEÇON. — Machines à colonnes d'eau. — Résumé sur les moteurs hydrauliques. — Discussion des circonstances dans lesquelles ces divers moteurs sont plus particulièrement applicables.

15ᵉ LEÇON. — Résumé des notions de *pneumatique*. — Rappel des lois de Mariotte et de Gay-Lussac, indication des expériences de M. Regnault. — Application à divers exemples, travail moteur dû à la détente ; travail résistant dû à la compression. — Écoulement par un orifice en mince paroi.

16ᵉ LEÇON. — Écoulement par des tuyaux de conduite. — De l'air en mouvement considéré comme moteur. — Moulins à vent de divers systèmes.

17ᵉ LEÇON. — Principes de la nouvelle théorie mécanique de la chaleur.

18ᵉ LEÇON. — Suite de l'exposé de la théorie mécanique de la chaleur. — Application aux gaz permanents — Des machines à gaz. — Leur effet utile.

19ᵉ LEÇON. — Application aux vapeurs en général et spécialement à la vapeur d'eau.

20ᵉ LEÇON. — Machines à vapeur en général. — Calcul de la chaleur employée et de la force produite dans le cas où l'on épuise l'action de la détente.

21ᵉ LEÇON. — Machines à vapeur considérées dans les conditions ordinaires de la pratique.— Causes diverses qui diminuent l'effet utile théorique d'une calorie. — Effet utile pratique pour les divers systèmes de machines.

22ᵉ LEÇON. — Classification des machines à vapeur sous divers points de vue. — Description détaillée de leurs divers organes.

23ᵉ LEÇON. — Suite de la description des divers organes des machines à vapeur.

24ᵉ LEÇON. — Suite de la leçon précédente.

25ᵉ LEÇON. — Suite de la leçon précédente.

26ᵉ LEÇON. — Suite et fin de la description des divers organes des machines à vapeur.

27ᵉ LEÇON. — Résumé sur les principaux types de machines à vapeur; discussion des circonstances dans lesquelles ces divers types sont particulièrement applicables.— (Extraction, épuisement, soufflerie de haut fourneau, forge.— Élévation d'eau. — Usines diverses dans les villes industrielles. — Bateaux à vapeur etc....).

28ᵉ LEÇON. — Des générateurs. — Dispositifs variés. — Valeurs de ces divers dispositifs au point de vue économique.

29ᵉ LEÇON. — Causes des explosions des chaudières à vapeur. — Résumé des règlements sur la matière. — Appareils divers de sûreté.

30ᵉ LEÇON. — Résumé de données numériques diverse concernant les machines à vapeur.

51e LEÇON. — Indications sommaires sur les tentatives faites pour remplacer la vapeur d'eau dans les machines à feu en général. — Machines à air, à gaz, à vapeurs combinées; appréciation de ces tentatives.

52e LEÇON. — Résumé des notions sur la constitution des corps solides. — Résistance à l'extension et à la compression. — Coefficient ou module d'élasticité.

53e LEÇON. — Résistance à la flexion des corps prismatiques. — Application à quelques exemples.

54e LEÇON. — Suite de la leçon précédente.

35e LEÇON. — Des solides d'égale résistance à la flexion. — Flexion due à des forces dirigées d'une manière quelconque dans le plan de la flexion.

36e LEÇON. — Résistance à la torsion.

37e LEÇON. — Application des notions sur la résistance des matériaux à divers exemples. — Phénomènes de la mise en charge des pièces.

38e LEÇON. — Influence de l'inertie sur la fatigue des pièces dans les machines en mouvement; exemples divers de cette inertie.

39e LEÇON. — Données numériques pour l'application des formules de la théorie au calcul des pièces des machines. — Ce qu'on entend en général par coefficient de sécurité.

40e LEÇON. — Calcul numérique des principales pièces d'un système formé d'une machine à vapeur à balancier avec son générateur.

41e LEÇON. — Suite du calcul précédent. — Calcul d'une roue d'engrenages, dents, jante et bras.

42e LEÇON. — Détails divers de construction. — Arbres

avec leurs tourillons et paliers. — Moyens de graissage. — Embrassures, couronnes ou jantes, etc.

43ᵉ LEÇON. — Application à la construction des roues hydrauliques de divers systèmes, roues en bois, roues en métal, roues de construction mixte.

44ᵉ LEÇON. — Suite et fin de la construction des roues hydrauliques. — Grandes roues d'engrenage, volants, etc.

45ᵉ LEÇON. — Détails de construction concernant les balanciers des machines à vapeur et leurs accessoires ; garnitures étanches, boîtes à étoupes, pistons, tuyaux de conduite pour l'eau, les gaz, la vapeur, etc.

46ᵉ LEÇON. — Résumé des conditions générales auxquelles doit satisfaire une machine industrielle donnée pour pouvoir être regardée comme bien établie.

47ᵉ LEÇON. — Application à quelques exemples, tels que soufflerie de haut fourneau, laminoirs, etc., etc.

COURS DE MÉTALLURGIE.

Première année.

1ʳᵉ LEÇON. — Objet et division du cours.

I. — Partie générale.

1° *Procédés métallurgiques.* — Voie sèche. — Voie humide.
— Procédés électro-chimiques. — Calcination. — Distillation. — Sublimation. — Grillage. — Rôtissage. — Réduction. — Recuit. — Cuisson. — Liquation. — Fusion. — Fonte
crue. — Fusion réductive. — Fusion oxydante. — Affinage.
— Cémentation. — Cristallisation. — Dissolution. — Chloruration. — Amalgamation. — Précipitation électro-chi-
mique.

2ᵉ LEÇON. — 2° *Fourneaux.* — Disposition générale des
fourneaux. — Massif extérieur. — Massif intérieur. — Matériaux dont se composent les deux massifs.

Matériaux réfractaires, naturels et artificiels. — Quartz.
— Argiles. — Grès. — Briques. — Pisé réfractaire. —
Brasque, etc.

3ᵉ LEÇON. — Principes et classification des fourneaux.
A. Fours sans chauffes distinctes. — Type four *à cuve.*
B. Fours à chauffes distinctes. — Type four *à réverbère.*
Les fourneaux A se divisent en :
Fours alimentés par aspiration. — Type Fours *à chaux.*
Fours alimentés par insufflation. Types { *Bas foyers.* / *Hauts fourneaux.*
Les fourneaux B se divisent en :
Fours sans vases clos. Type. *Réverbères proprement dits.*
Fours à vases clos. Type. Fours *à galères.*

4ᵉ LEÇON. — *Éléments qui modifient la température des fourneaux.* — Éléments des fours à chauffes distinctes. — Chauffes. — Laboratoire. — Cheminées. — Théorie du tirage. — Détails sur les réverbères proprement dits.

Détails sur les fours à vases clos : { Fours à galères. / Fours à alandiers. / Fours à moufles, creusets etc. / Fours à vent.

Construction des fourneaux. — Armatures, etc.

5ᵉ LEÇON. — Fabrication des briques réfractaires.

6ᵉ LEÇON. — 3° *Combustibles.* — A. *Généralités sur les combustibles.* — Combustibles *naturels.* — *préparés.* — Propriétés générales des combustibles. — Combustibilité. — Étendue de la flamme. — Cendres. — Pouvoir calorifique. — Températures de combustion.

7ᵉ LEÇON. — B. *Emploi des combustibles.* — Théorie de la combustion. — Combustion des gaz et des liquides. — Régénérateur *Siemens*.

8ᵉ LEÇON. — 1° Combustion des solides *sur grilles.* — Diverses sortes de grilles. — Combustion à courant d'air naturel, à courant d'air forcé, à courant d'air chaud (four *Boëtius*, etc.). — Activité du tirage. — Mode de chargement. — 2° Combustion des solides *dans un four à cuve.* — Pression et température du vent.

9ᵉ LEÇON. — C. *Étude des diverses sortes de combustibles.* I. Combustibles *naturels :* — Bois. — Tourbes. — Bois fossile.

10ᵉ LEÇON. — Lignites terreux; lignites proprement dits; lignites gras. — Houilles proprement dites : cinq classes, savoir : houilles sèches; houilles grasses à longue flamme; houilles maréchales; houilles grasses à courte flamme; houilles maigres. — Anthracites.

11ᵉ LEÇON. — II. *Combustibles préparés ou artificiels.*

a. Préparation par *procédés mécaniques.* — Préparation du bois. — Broyage, lavage, compression de la tourbe. — Lavage de la houille et des lignites.— Agglomération de la houille et des lignites. — Choix des houilles pour l'agglomération. — Choix et étude des ciments pour les agglomérés. — Préparation de la pâte.

12ᵉ LEÇON. — Appareils de compression : quatre types.
b. Préparation par procédés *physico-chimiques.* —Séchage du bois et de la tourbe. — Torréfaction du bois. — Gazéification des combustibles : *partielle*, par distillation; *totale*, par oxydation incomplète. — Diverses sortes de générateurs à gaz. — Générateur Archereau pour oxyde de carbone pur.

13ᵉ LEÇON. — Carbonisation des combustibles. — But. — Deux méthodes : *en vases clos, au contact de l'air.* — Carbonisation du bois : partielle (charbon *roux*); totale (charbon proprement dit).

14ᵉ LEÇON. — Carbonisation de la tourbe : en meules, en fours. — Carbonisation de la houille en meules.

15ᵉ et 16ᵉ LEÇONS.—Carbonisation de la houille en fours. Fours avec admission d'air. — Fours de carbonisation sans admission d'air. — Trois sortes de fours sans admission d'air, selon que le prisme de houille à carboniser est placé à *plat*, de *champ*, ou *debout.* — Exemples : four *Knab*, fours *Belges*, four *Appolt.* — Produits de la carbonisation : goudron, gaz, noir de fumée, coke ordinaire, coke de cornues.

17ᵉ LEÇON. — 4° *Machines soufflantes.* — Machines soufflantes proprement dites. —Machines à piston. — Machines soufflantes à garniture hydraulique. — Trompes. — Ventilateurs, etc. — Porte-vent. — Régulateurs. — Buses. — Tuyères. — Ventimètres.

18ᵉ LEÇON. — Appareils pour chauffer le vent. — Appareils à tuyaux. — Appareil Siemens.

II. — Fer.

19ᵉ LEÇON. — Propriétés du fer, de l'acier, de la fonte. — Influence des corps étrangers sur les propriétés du fer.

20ᵉ LEÇON. — *Minerais de fer.* — Classification et propriétés générales. — Examen des minérais au point de vue métallurgique.

21ᵉ LEÇON. — Préparation des minerais de fer. — Cassage. — Débourbage. — Exposition à l'air. — Calcination. — Grillage.

22ᵉ LEÇON. — Réduction des minerais de fer. — Produits de la réduction. — Fer *brut*, ou *fonte*. — Nécessité de deux opérations pour obtenir du *fer pur* :

1° *Réduction et fusion des minerais ;* 2° *Affinage du fer brut.*

A. Réduction *avec* fusion du fer brut — *Haut fourneau.*

B. Réduction *sans* fusion du fer brut — *Forge catalane.*

A. *Réduction et fusion au haut fourneau.* — Forme générale des hauts fourneaux. — Conditions à remplir. — Théorie générale.

23ᵉ LEÇON. — Calcul des dimensions et du profil des hauts fourneaux. — Influence des principales dimensions sur la marche des hauts fourneaux.

24ᵉ LEÇON. — Construction des hauts fourneaux et de ses accessoires. — Calcul du lit de fusion. — Séchage et mise en feu du haut fourneau.

25ᵉ LEÇON. — Première coulée. — Marche et allure des hauts fourneaux. — Allure ordinaire (*chaude, intermédiaire* ou *froide*). — Allure exceptionnelle (*sèche* ou *crue*). —

Éléments qui font varier l'allure des hauts fourneaux. — Moyens auxquels on a recours pour passer d'une allure à une autre.

26ᵉ ʟᴇᴄ̧ᴏɴ. — Produits des hauts fourneaux. — Fontes. — Laitiers. — Gaz. — Produits correspondants aux diverses allures. — Accidents des hauts fourneaux. — Remèdes à employer. — Réparations partielles. — Mise-hors. — Reconstruction intégrale du massif intérieur.

27ᵉ et 28ᵉ ʟᴇᴄ̧ᴏɴ. — Détails sur le travail des ouvriers, etc. — Résultats d'une campagne. — Influence de certaines dispositions spéciales, telles que : mode de chargement ; — prise des gaz ; — tuyères multiples ; — formes exceptionnelles des hauts fourneaux ; — hauts fourneaux à poitrine fermée ; — air chaud ; — air humide, etc. — Minerais calcinés ou crus ; — combustibles naturels ou carbonisés ; — anthracite ; — castine calcinée ou crue ; — additions de spath-fluor ; — minerais titanés, etc. — Scories de forge. — Influence de certaines substances étrangères sur la nature des produits, telles que phosphore, — soufre, — zinc, — plomb, etc. — Vapeur d'eau, etc.

29ᵉ ʟᴇᴄ̧ᴏɴ. — Balance des matières et distribution de la chaleur dans les hauts fourneaux. — Nature et emploi des produits principaux et accessoires. — États de roulement. — Prix de revient des fontes. — Situation des usines.

30ᵉ et 31ᵉ ʟᴇᴄ̧ᴏɴ. — *Moulage de la fonte.* — Conditions que doit remplir une fonte de moulage. — Fonte de première et de deuxième fusion. — Modes de coulage des fontes de première fusion. — Refontes des fontes de première fusion. — *a. Au creuset ; — b. Au cubilot ; — c. Au réverbère.*
Disposition des fonderies de deuxième fusion.

32ᵉ et 33ᵉ ʟᴇᴄ̧ᴏɴ. — Préparation des moules. — Modèles.

Moules en sable vert, en sable séché, en sable recuit ou étuvé, en terre, en coquille. — Moulage des objets d'art. —Moulage au gabari.—Achèvement des pièces coulées. —Ébarbage.—Enduits gras.—Étamage.—Zingage. — Émaillage.— Adoucissage.— Soudage de la fonte, etc.— Prix de revient de la fonte moulée.

34ᵉ LEÇON.— 2° *Affinage du fer brut pour fer ou acier.* — Trois méthodes.

a. Affinage de la fonte solide (*fonte malléable*).

b. Affinage de la fonte fluide, ou pâteuse, avec produits ferreux, solides, en forme de loupes (*méthode ordinaire*).

c. Affinage de la fonte fluide, avec produits ferreux fondus, coulés en lingots (procédés *Bessemer*, *Martin*, etc.).

NOTA. — La description de cette dernière méthode (c.) est renvoyée aux leçons qui traitent spécialement de l'acier.

Théorie générale de l'affinage.—Choix des fontes.—Opérations préparatoires. — Blanchiment de la fonte par refroidissement brusque, ou par mazéage et finage.

Fabrication de la *fonte raffinée.*

a. Préparation de la *fonte malléable*, proprement dite et aciéreuse.

35ᵉ et 56ᵉ LEÇON. — *b.* Méthodes d'affinage *ordinaires* pour fer doux.

1° *Au bas foyer, d'après la méthode allemande ou comtoise.*

Foyers anciens.—Foyers modifiés.—Cinglage et étirage. —Quelques mots sur les méthodes Styrienne. — Wallonne. —Nivernaise.—Carinthienne, etc.—Prix de revient du fer forgé.

37ᵉ et 58ᵉ LEÇON. — 2° *Au réverbère, d'après la méthode Anglaise.*—Affinage proprement dit, ou *puddlage.* — Puddlage chaud ou gras. — Puddlage sec ou en sable. — Puddlage mécanique.

Cinglage des loupes, au marteau, à la presse, aux cylindres, etc.

39ᵉ et 40ᵉ LEÇON. — Corroyage des barres puddlées; échauffage et étirage du fer corroyé.

Détails sur les cylindres lamineurs.

Composition et disposition générales des forges anglaises.

Classement et nature des produits marchands.

Prix de revient des fers laminés.

Comparaison des méthodes allemande et anglaise.

41ᵉ LEÇON. — B. *Réduction des minerais sans fusion du fer brut.* — Affinage immédiat. — Méthodes Catalane. — Chenot. Renton, etc.

Vices de ces méthodes.

Tentatives diverses pour l'amélioration des fers doux.

42ᵉ et 43ᵉ LEÇON. — Affinage spécial pour *acier*.

Les fontes pures seules donnent de l'acier supérieur.

a. Fonte malléable aciéreuse.

b. Acier *de forge*, acier **puddlé**.

Modifications que l'on fait subir aux méthodes d'affinage allemande ou anglaise, lorsqu'on veut produire de l'acier et non du fer doux.

c. Affinage direct pour acier ou fer fondu, dit fer *homogène*, en lingots.

Procédés Bessemer. — Martin. — Uchatius. — Bérard, etc.

Épuration des fontes ordinaires ; procédé Heaton.

44ᵉ LEÇON. — Préparation de l'acier par voie de cémentation. — Corroyage et fusion de l'acier cémenté.

Cémentation et fusion immédiates au creuset. — Corroyage et étirage de l'acier. — Trempe et recuit.

45ᵉ et 46ᵉ LEÇON. — Élaboration du fer et de l'acier. — Rails. — Fers à planchers ou à double T. — Fers spéciaux divers. — Bandages. — Laminoir universel. — Laminage circulaire.—Fabrication des plaques de blindage et des grosses pièces de fer.—Fabrication de la tôle, du fer-blanc, du fil de fer, du fer fendu, etc.

Deuxième année.

1re 2e et 3e LEÇON.—Récapitulation de la partie générale du cours de première année. — En particulier, revue rapide des procédés métallurgiques, des combustibles et des fourneaux.

I. — Cuivre.

4e LEÇON.—Propriétés du cuivre et de ses composés. — Influence des corps étrangers sur la qualité du cuivre. — Minerais de cuivre. — Production et pays producteurs du cuivre. — Teneur, degré d'enrichissement et mode d'achat des minerais de cuivre.

5e LEÇON.— Méthode générale de traitement des minerais de cuivre *par voie sèche.* — A. Minerais sulfurés purs. — B. Minerais sulfurés impurs. — C. Minerais oxydés.

On réalise le traitement de trois façons différentes : par la méthode *suédoise* ou *allemande*, par la *méthode anglaise*, par la *méthode mixte.*

1. *Méthode suédoise.* —A. Minerais sulfurés *purs.*

a. Grillage des minerais, en tas, en fours.

6e LEÇON.—*b. Fontes pour mattes.* —Principes généraux de l'opération.— Fours.— Lits de fusion.— Réactions chimiques.— Produits, etc.

7e et 8e LEÇON. — Exemples divers. — Atvida. — Falhun, etc.

c. Grillage des premières mattes.—En stalles ordinaires, en stalles Wellner, etc.

d. Fonte pour cuivre brut (noir).— Exemples.

e. Affinage de cuivre brut au bas foyer.

f. Raffinage du cuivre rosette au petit foyer.

9° LEÇON.— Résumé général du traitement.— Produits. —Consommations.— Pertes.— Prix de revient.—Disposition générale des usines à cuivre.

10° LEÇON. — I. *Méthode suédoise.*— B. Minerais sulfurés *impurs.*

On intercale, entre la fonte pour premières mattes et la fonte pour cuivre brut, une série de grillages partiels et de fontes de concentration ; de plus, l'affinage définitif au bas foyer est précédé d'un affinage préparatoire, au réverbère, dit *départ (spleissen).* — Exemples : usines du *Hartz* et traitement des schistes cuivreux du *Mansfeld.*

11° LEÇON.— I. *Méthode suédoise.* —C. Minerais *oxydés.*

1° Minerais oxydés *pauvres,* (*a*) avec pyrites de fer ou de cuivre.

Exemples : *Szaska.* — *Nichné-Taguilsk* dans l'Oural.— Emploi du four Raschette.

Minerais oxydés *pauvres,* (*b*) sans pyrites ni matières sulfatées.

Traitement suivi à **Perm.** — Affinage préparatoire du cuivre brut ferreux et traitement de la fonte cuivreuse.

2° Minerais oxydés *riches.*— Exemple de *Chessy.*

12° LEÇON. II. *Méthode anglaise.*—Pour minerais sulfurés, ou un mélange de minerais sulfurés et oxydés.

Principes généraux du traitement. — Méthodes plus ou moins simples ou complexes, selon la nature des minerais et la nature du cuivre à produire.

A. *Méthode ordinaire.*

a. Grillage des minerais sulfurés.

13ᵉ LEÇON. — *b.* Fontes pour matte brute (*coarse metal*).

c. Grillage de la matte brute.

d. Fonte pour matte concentrée ou matte *blanche* (*white metal*).

On ajoute aux mattes grillées des minerais oxydés de même teneur.

14ᵉ LEÇON. — *e.* Fonte pour *cuivre brut*.

On ajoute à la matte blanche des minerais oxydés, ou natifs, de même teneur.

L'opération est double. *Rôtissage*, puis *fusion* pour cuivre brut.

Le produit est un cuivre brut boursouflé (*blistered copper*).

f. Affinage et raffinage du cuivre brut.

On ajoute au cuivre brut les minerais natifs *extra-riches*.

L'opération est double { *Affinage* pour cuivre rosette. *Raffinage* pour cuivre rouge ou marchand.

Résultats généraux de la méthode ordinaire.

15ᵉ LEÇON. — B. *Méthode modifiée (extra-process).*

On modifie la méthode ordinaire, en intercalant des fontes de concentration, lorsqu'on veut obtenir, d'une part, du cuivre *supérieur*, avec des minerais *communs*; de l'autre, du cuivre *passable* avec des minerais *impurs*. — Ces modifications sont très-variées.

En général, on grille moins les mattes brutes. — On fond pour mattes bleues (*blue metal*), qui sont plus ferreuses que les mattes blanches; puis on les concentre une ou deux fois. — On obtient ainsi des mattes *extra riches*, dites *pimpel metal* ou *fine metal*, à 2 ou 3 p. 100 de fer; ou du *purple metal*, à moins de 1 p. 100 de fer; outre cela, il se dépose du cuivre impur (*bottoms*) qui retient les métaux étrangers. — Traitement des scories cuivreuses.

Exemples divers. — Disposition générale des usines anglaises.

16ᵉ LEÇON. — III. *Méthode mixte.* — Association des méthodes suédoise et anglaise. — Comparaison des deux méthodes.

Exemples de Kaafjord. — Boston. — Bogolowsk, etc.

Utilisation de l'acide sulfureux, ou des vapeurs de soufre, provenant du traitement des minerais de cuivre.

17° LEÇON. — Traitement des minerais de cuivre par *voie humide.*

A. Sulfatisation des minerais sulfurés par voie d'oxydation spontanée ou artificielle. — Rio-Tinto. — Agordo, etc.

B. Dissolution des minerais oxydés ou grillés : 1° par les acides ou liqueurs acides du commerce ; 2° par les acides préparés de toutes pièces au contact des minerais : Exemples, Chessy, Linz, Stern, Stadtberg, etc.

Précipitation du cuivre dissous, par le fer, la chaux ou l'hydrogène sulfuré. — Fusion et affinage du cuivre de cément.

II. — Plomb.

18ᵉ LEÇON. — Propriétés du plomb et de ses composés. — Influence des corps étrangers.

Minerais de plomb. — Production et pays producteurs. — Degré d'enrichissement des minerais de plomb. — Achat des minerais. — Exposé général du traitement des minerais de plomb.

19ᵉ et 20ᵉ LEÇON. — 1° *Méthode du bas foyer par oxydation partielle.*

2° *Méthode par grillage et réaction.*

a. Procédé Carinthien.

b. Procédé Breton.

21ᵉ LEÇON. — *c.* Procédés Anglais, Belges, Espagnols. — Comparaison des procédés précédents, soit entre eux, soit avec la méthode du bas foyer.

22ᵉ LEÇON. — 3° *Méthode par précipitation*, au four à *réverbère* et au *four à cuve*.

Vices de la méthode. — Nécessité de fours à cuve étroite et à parois refroidies, et du remplacement de la fonte par des matières ferrugineuses oxydées. — Emploi du four Ras-chette. — Exemples de Silésie et du Hartz. — Traitement des minerais plombo-cuivreux.

23ᵉ et 24ᵉ LEÇON. — 4° *Méthode par grillage et réduction*, avec ou sans fondants ferrugineux. — Exposé général de la méthode. — Influence des minerais pyriteux, blendeux, cuivreux, argentifères, etc.

Exemples divers. — La Pise. — Vialas. — Pontgibaud. — Stolberg. — Przibram, etc.

25ᵉ LEÇON. — Examen comparatif des quatre méthodes.
Affinage du plomb brut.
Désargentation du plomb d'œuvre.

Exposé succinct des diverses méthodes : à savoir, la coupellation directe, et l'appauvrissement par *cristallisation* ou par *zingage*.

26ᵉ et 27ᵉ LEÇON. — *Coupellation*. — Coupellation alle-mande, coupellation anglaise. — Réduction des lithar-ges, etc.

28ᵉ LEÇON. — *Pattinsonage* ordinaire. — *Pattinsonage* mé-canique. — Désargentation par le *zinc*.

III. — Argent.

29ᵉ LEÇON. — Propriétés de l'argent et de ses composés. — Minerais d'argent. — Production et pays producteurs. — Degré d'enrichissement des minerais.

Exposé général du traitement des minerais d'argent.
I. Traitement des minerais *plombo-argentifères*.
II. Traitement des minerais *cuivreux-argentifères*.

5

III. Traitement des minerais d'argent *plombo-cuivreux.*

5o⁰ et 5ı⁰ LEÇON. — IV. Traitement des minerais d'argent *proprement dits.*

A. *Par fusion* { 1⁰ Fonte pour *mattes* des minerais pauvres.
2⁰ Fonte *plombeuse* des mattes et des minerais ordinaires.

Exemple de *Freyberg.*

52⁰ LEÇON. — Méthodes suivies, lorsque les minerais plombeux sont rares ou manquent.

Imbibition en Hongrie, à Kongsberg, en Sibérie.

Traitement des minerais d'argent *extra riches.*

Exemples : — Freyberg. — Kongsberg. — Allemont. — Joachimsthal.—Désargentation du cuivre brut et des mattes de cuivre par fonte plombeuse. — Inconvénient de la méthode.

55⁰ et 54⁰ LEÇON. — B. Traitement des minerais d'argent par *amalgamation.*

1⁰ *Amalgamation saxonne* des minerais, des mattes, des speiss, du cuivre brut, etc.

55⁰ et 56⁰ LEÇON. — 2⁰ *Amalgamation américaine,* au *patio,* au *cazo,* etc.

5⁰ Amalgamation *mixte de Huelgoat.*

C. Traitement des minerais et mattes d'argent *par voie humide.*

Traitement des minerais *riches* à Joachimsthal.

Traitement *des mattes argentifères,* et du *cuivre brut argentifère :*

1⁰ En chlorurant ou sulfatisant l'argent.

2⁰ En dissolvant le cuivre et laissant l'argent dans les résidus.

Exemples : Freyberg, Hartz, etc.—*Raffinage de l'argent.*

IV. — Or.

57ᵉ LEÇON. — Propriétés de l'or. — Minerais d'or. — Production, pays producteurs. — Teneur des minerais.

Méthodes de traitement.
1° *Lavage.*
2° *Amalgamation.* — Procédés tyrolien, italien, etc.
3° *Fusion* (Hongrie).
4° *Par voie humide* (chloruration). — Exemple de Reichenstein.

V. — Platine.

58ᵉ LEÇON. — Minerais de platine.
Traitement par lavage et voie humide. — Méthodes par fusion d'après M. H. Sainte-Claire Deville.

VI. — Mercure.

59ᵉ LEÇON. — Propriétés du mercure. — Minerais de mercure. — Teneur des minerais lavés. — Traitement du minerai *natif* par lavage. — Traitement du minerai *sulfuré*.
a. Par *précipitation.*
b. Par *grillage.*

VII. — Étain.

40ᵉ LEÇON. — Propriétés de l'étain. — Minerais d'étain. Préparation, grillage et enrichissement des minerais.
Réduction du minerai.
a. Au four à cuve.
b. Au réverbère.
Raffinage de l'étain. — Réduction du minerai de tungstène dit *Wolfram.*

VIII. — Antimoine.

41° LEÇON.— Propriétés de l'antimoine.—Minerais d'antimoine. — Préparation des minerais.

Traitement des minerais d'antimoine.

a. Par grillage et réduction | au creuset.
b. Par précipitation | au réverbère.
          | au four à manche.

Raffinage de l'antimoine.

Traitement des sulfures doubles, plombeux ou ferrugineux.

IX. — Bismuth.

Propriétés du bismuth.

Traitement du minerai natif par liquation.— Traitement du bismuth oxydé à Joachimsthal et à Freyberg.

X. — Cobalt et nickel.

42° LEÇON. — Propriétés du cobalt et du nickel.— Minerais et speiss.— Fonte crue des minerais, pour mattes ou speiss.—Affinage des speiss et des mattes, pour l'élimination du fer, ou du fer et du cuivre.

Traitement *des speiss raffinés*, pour oxyde de cobalt, ou verre de cobalt. — Traitement des speiss de nickel, pour nickel, ou alliage de cuivre et de nickel.

a. Par voie sèche.

b. Par voie humide et voie sèche combinées.

XI. — Zinc.

43° à 45° LEÇON.—Propriétés du zinc.— Minerais de zinc.
Teneur et achat des minerais.

Traitement des minerais.

a. Grillage ou calcination.

b. Réduction des minerais grillés ou calcinés.

1º Méthode *silésienne.*

2º Méthode *belge* ou *liégeoise.*

3º Méthode *anglaise.*

Comparaison des méthodes.—Essais de réduction au four à cuve.— Affinage du zinc brut.— Laminage du zinc.

XII. — Cadmium.

Minerais de zinc cadmifères.—Traitement des zincs cadmifères.

COURS DE DOCIMASIE.

———

Première année.

1re LEÇON. — Docimasie. — Sa définition. — Son but.—
Analyses. — Essais. — Prise d'essai.

Métalloïdes.

Oxygène. — Sa préparation : par le chlorate de potasse ; par chlore et potasse ; par le peroxyde de manganèse. — Son emploi dans l'analyse des fontes ; Appareil.

Hydrogène. — Sa préparation. Disposition de l'appareil. Opération. — Son emploi comme réducteur. — Considérations sur les précautions à prendre pour le dessécher et pour le purifier.

Eau. — Son emploi comme dissolvant et comme réactif. — Moyens d'obtenir l'eau pure. — Emploi de la vapeur d'eau comme réactif oxydant ou désulfurant. — Eau considérée comme matière à éliminer. — Dessiccation des gaz, des filtres, des précipités.

2e LEÇON. — Dosage de l'eau : Eau hygrométrique; Eau de combinaison. — dans les acides, — dans les bases, dans les sels.
Dosage de l'hydrogène dans les matières organiques. — Disposition de l'appareil. Opération. — Dans les combustibles minéraux.

Carbone. — Affinités et combinaisons du carbone. — Combinaisons du carbone avec l'oxygène. — Acide oxalique : Ses caractères. Caractères des oxalates. Dosages de l'acide oxalique : 1° par précipitation par chlorure de calcium ; 2° par réduction du chlorure d'or ; 3° par peroxyde de manganèse et acide sulfurique. — Acide carbonique. Caractères de cet acide et des carbonates. Son dosage : 1° par calcination ; 2° par acide sulfurique étendu ou par formation de carbonate de baryte.

3ᵉ LEÇON. — Examen des combustibles :— Bois. — Charbon de bois. — Tourbe. — Charbon de tourbe. — Houilles. — Lignites. — Coke. — Anthracite. — Graphite. — Schistes bitumineux.

4ᵉ LEÇON. — *Azote.* — Généralités. — Combinaisons avec l'oxygène. — Acide azotique. Sa purification. Caractères de l'acide azotique et des azotates. Caractères distinctifs de l'acide azotique. — Moyens de le reconnaître par le sulfate de fer; par l'acide chlorhydrique en présence de l'or; par le cuivre et l'acide sulfurique. — Dosage de l'acide azotique : 1ᵉʳ cas. — Acide azotique seul : Dosage par litharge ; par liqueur alcaline titrée.

2ᵉ cas. — En présence de sels neutres formés des acides chlorhydrique, sulfurique et de bases fortes. Évaluation de l'acide azotique par formation de sels neutres.

3ᵉ cas. — En présence de liqueurs acides ; Dosage de l'acide azotique à l'aide du protochlorure de fer et du permanganate de potasse.

4ᵉ cas. — Évaluation de l'acide azotique contenu en proportion très-faible dans les terres salpêtrées, les engrais, les plantes. 1ᵉʳ procédé : Emploi de l'hydrogène. 2ᵉ procédé : Emploi de l'hydrogène sulfuré.

Acide azoteux. — Caractères des azotites. — Dosage de l'acide azoteux.

5ᵉ LEÇON. — *Combinaison de l'azote avec l'hydrogène.* — Ammoniaque. Son emploi comme réactif. Caractères auxquels on reconnaît l'ammoniaque combinée. — Dosage de l'ammoniaque. 1er cas. — Dans un mélange de sels ammoniacaux et de sels minéraux. 2e cas.— Évaluation de l'ammoniaque dans les eaux douces ou minérales. 3e cas. — Détermination de l'ammoniaque en présence des matières azotées.

Combinaison de l'azote avec le carbone. — Cyanogène. Caractères des cyanures simples. — Dosage du cyanogène. — Dosage de l'azote dans les matières organiques.

6e LEÇON. — *Soufre.* — Soufre libre. — Terres sulfureuses. — Dosage du soufre libre ou mélangé de matières terreuses.

Pyrites de fer : 1er cas. — Pyrites et gangue de quartz. 2e cas. — Pyrites et gangues calcaires.

Soufre raffiné. Recherche du fer, de l'antimoine, de l'arsenic.

Sulfures métalliques. — Dosage du soufre dans ces sulfures par l'eau régale. — Sulfures métalliques facilement attaquables par l'acide chlorhydrique. Emploi de la potasse et du chlore. Emploi du nitre et de la potasse par voie sèche. — Dosage du soufre dans les matières organiques, — dans les combustibles minéraux.

7e LEÇON. — *Combinaisons du soufre avec l'oxygène.*

Acide hyposulfureux. Hyposulfites. — Caractère distinctif. — Dosage de l'acide hyposulfureux. — Hyposulfites et sulfures alcalins.

Acide sulfureux. Caractères des sulfites. — Dosage de l'acide sulfureux. — Acides sulfureux et hyposulfureux.

Acide hyposulfurique. Caractères principaux. — Caractère distinctif. — Dosage de l'acide hyposulfurique.

Acide sulfurique. Sa purification. — Caractères des sulfates. — Sulfates neutres. — Sous-sulfates et sulfates acides. — Caractère distinctif de l'acide sulfurique. — Dosage de l'acide sulfurique. — Acide sulfurique libre. — Sulfates en dissolution. — Sulfates insolubles. — Sulfates et sulfures. — Hyposulfites, Sulfites, Sulfates alcalins. — Sulfites, Hyposulfates, Sulfates.

Combinaisons du soufre avec l'hydrogène. — Hydrogène sulfuré, ses divers modes de préparation. — Son emploi. — Ses réactions. — Ses réactions en présence d'eau régale ou d'acide azotique, d'acide chlorhydrique, d'acide acétique, de liqueurs neutres.

Sulfhydrate d'ammoniaque. — Sa préparation. — Son emploi. — Dosage de l'hydrogène sulfuré. — Recherche de l'arsenic, de l'antimoine, du phosphore dans le sulfhydrate.

8ᵉ LEÇON. — *Sélénium.* — Acide sélénieux. — Acide sélénique. — Sélénites. — Séléniates. — Procédés de dosage. — Sélénium et soufre.

Tellure. — Acide tellureux. — Acide tellurique. — Tellurates. — Procédés de dosage et de séparation.

9ᵉ LEÇON. — *Arsenic.* — Caractères. — Combinaisons de l'arsenic avec l'oxygène. Acide arsénieux. Caractères des arsenites. Acide arsénique. Caractères des arséniates. — Acide arsénieux et acide arsenique.

Dosage de l'arsenic. — 1ʳᵉ méthode. — Minerais ne contenant pas de nickel et dont les gangues ne laissent pas dissoudre par les acides des terres alcalines et des terres. — Minerais contenant du nickel. — Minerais à gangue de carbonates alcalins terreux.

2ᵉ méthode. — Minerais contenant des silicates d'alumine attaquables par les acides.

3ᵉ méthode. — Appareil de Marsh. — Opération.

4ᵉ méthode. — Arsenic reçu sur lame de cuivre chauffée.

Acide arsénieux et Acide arsenique; Emploi du permanganate. — Arsenic, Soufre, Sélénium, Tellure. — Arsenic et matières organiques. — Minéraux de l'arsenic.

10ᵉ LEÇON. — *Phosphore.* — Généralités. — État naturel. Combinaisons du phosphore avec l'oxygène.

Acide hypophosphoreux. —Caractères des hypophosphites.

Acide phosphoreux. — Caractères des phosphites.—Acide hypophosphoreux et acide phosphoreux.

Acide phosphorique. — Caractères des phosphates. — Phosphates à un équivalent, — à deux équivalents, — à trois équivalents de base. — Réactions de ces différents phosphates. — Action des réductifs, des métaux, action des acides. — Caractères distinctifs des phosphates.

11ᵉ LEÇON. — *Dosage de l'acide phosphorique.*

Acide phosphorique et eau. — 1ᵉʳ procédé : litharge. — 2ᵉ procédé : peroxyde de fer. — 3ᵉ procédé : chlorure de calcium. — 4ᵉ procédé : sulfate de magnésie ammoniacal. — Influence des matières organiques.

Acide phosphorique et alcalis. — 1° Dosage à l'état de phosphate de bismuth. — 2° Dosage à l'aide du phosphate de plomb. — 3° Dosage à l'aide du molybdate d'ammoniaque. — 4° Dosage à l'état de phosphate de magnésie.

Acide phosphorique et terres alcalines. — 1° En présence de baryte ou strontiane. — 2° En présence de chaux et de magnésie. — 3° En présence de chaux, de magnésie et d'alumine.—Modification par la présence de l'oxyde de fer.

Acide phosphorique et oxydes métalliques. —Emploi du molybdate d'ammoniaque.

Acide phosphorique et acide arsenique.

Détermination de l'acide phosphoreux et de l'acide hypophosphoreux.

Dosage du phosphore dans les matières organiques. — Hydrogène phosphoré.

12° LEÇON. — *Fluor.* — Généralités — caractères des Fluorures. — Caractères distinctifs, — 1° en l'absence de la silice, — 2° en présence de la silice.

Dosage du fluor. — Acide fluorhydrique en dissolution. — 1° Emploi de la litharge. — 2° Saturation et emploi du chlorure de calcium. — Fluorures solubles. — Fluorures insolubles. — Spath fluor, avec quartz, barytine et gypse. — Fluorures et phosphates. — Eau et fluorures.

13° LEÇON. — *Chlore.* — Généralités. — Préparation. — Emploi du chlore par voie sèche. — Emploi du chlore par voie humide. — Chlore et liqueur chlorhydrique ou acétique. — Chlore et liqueurs alcalines.—Chlore en présence de carbonates alcalins.—Acide chlorhydrique.—Préparation de l'acide pur. — Emploi de l'acide chlorhydrique. — Chlorures métalliques. — Dosage du chlore — de l'acide chlorhydrique. — Chlorures solubles. — Chlorures insolubles. — Chlorures volatils. — Chlore et fluor. —Chlore et matières organiques.

14° LEÇON. — *Combinaisons du chlore avec l'oxygène.*

Acide hypochloreux. — Chlorométrie.

Acide chlorique. — Chlorates. — Caractères distinctifs. — Dosage de l'acide chlorique.

Acide perchlorique. — Perchlorates.

Brome. — Généralités. — Bromures métalliques. — Bromures insolubles. — Bromures solubles. — Caractères distinctifs. — Dosage du Brome. — 1° Bromures. — 2° Chlorures et bromures.

15° LEÇON. — *Iode.* — Généralités. — Acide iodhydrique. — Iodures métalliques. — Iodures insolubles ou peu solubles. — Iodures solubles. — Caractères distinctifs des iodures. — Dosage de l'iode, 1° à l'état d'iodure d'argent : 2° à l'état d'iodure de palladium. — Chlorures et iodures. —Brome et iode. — Chlore, Brome et iode.

Acide iodique. — Iodates. — Caractères distinctifs. — Dosage.

16ᵉ LEÇON. — *Bore.* — Généralités. — Acide borique. — Borates. — Dosage de l'acide borique, libre, combiné. — Acide borique et acide sulfurique. — Acide borique, Acide phosphorique, Acide carbonique. — Borates et fluorures. — Borates et chlorures. —Fluorure de bore.

17ᵉ LEÇON. — *Silicium.* —Généralités. —Acide silicique. — États divers. — Silicates. — Simples. — Fusibilité. — Solubilité. — Action des acides, — des alcalis, — des carbonates alcalins, — des bi-sulfates alcalins, — du fluorure d'ammonium. — Silicates à plusieurs bases. — Fusibilité. — Action de l'eau, — des acides, — des alcalis, — des carbonates alcalins en solution, en fusion. — Action des carbonates de baryte, de chaux, de l'oxyde et du carbonate de plomb. — Caractères des silicates alcalins. — Action des acides, — des sels ammoniacaux, — des sels de chaux, — de magnésie, — des sels métalliques.

18ᵉ LEÇON. — *Dosage de l'acide silicique.* — *Silicates facilement attaquables par les acides.* — Acide employé. — Chlorhydrique. — Azotique. — Sulfurique.

Silicates peu attaquables par les acides. — Emploi des alcalis caustiques ; — des carbonates alcalins ; — du carbonate de baryte ; — du carbonate de chaux ; — de la chaux caustique ; — du carbonate ou de l'oxyde de plomb; — du bisulfate d'ammoniaque ; —du bisulfate de potasse ; — du fluorure d'ammonium ; — de l'acide fluorhydrique.

Analyse des silicates. — Silicates facilement attaquables

par les acides azotique et chlorhydrique. — Silicates difficilement attaquables par ces acides.

Cas particuliers de l'analyse des silicates. — Silicates contenant du chlore, — du fluor, — de l'acide phosphorique, — des phosphures, — de l'acide phosphorique et du fluor, — de l'acide sulfurique, — des sulfures, — de l'acide borique.

Acide hydrofluosilicique. — Hydrofluosilicates. — Caractères distinctifs.

Métaux.

MÉTAUX ALCALINS.

19ᵉ LEÇON. — *Potassium.* — Généralités. — Combinaisons avec les métalloïdes.

Combinaisons du potassium avec l'oxygène. — Potasse. — Sels de potasse. — Caractères distinctifs. — Dosage de la potasse, — à l'état de sulfate neutre; — de chlorure de potassium; — de carbonate; — de chlorure double de potassium et de platine. — Acide phosphorique et potasse; liqueur azotique ou chlorhydrique. — Acide arsénique et potasse. — Acide borique et potasse.

20ᵉ LEÇON. — *Minéraux de la Potasse.—Produits d'art. — Réactifs.* — Potasse du commerce. — Alcalimétrie. — Analyse de la potasse du commerce. — Carbonate de potasse. — Potasse à la chaux. — Potasse pure. — Flux blanc. — Flux noir. — Azotate de potasse. — Essai du nitre. — Analyse du nitre. — Matériaux salpêtrés. — Poudre. — Son analyse. — Sulfate de potasse — Chlorate de potasse. — Sulfures de potassium.

21ᵉ LEÇON. — *Sodium.* — Généralités. — Combinaisons avec les métalloïdes.

Combinaisons du sodium avec l'oxygène. — Soude. — Sels de soude. — Leurs caractères généraux. — Caractères distinctifs. — Dosage de la soude. — Séparation de la potasse et de la soude, — en présence de l'acide chlorhydrique, — en présence de l'acide azotique.

Minéraux de la soude. — Produits d'art. — Réactifs. — Hydrate de soude. — Soude de varechs. — Carbonates de soude naturels. — Gay-Lussite, Analyse. — Carbonate de soude artificiel. — Carbonate de soude ordinaire. — Produits secondaires. — Sulfate de soude naturel. — Sulfate de soude artificiel. — Nitrate de soude, Analyse. — Borates de soude. — Usages industriels. — Analyse. — Examen des borates employés au laboratoire. — Chlorure de sodium. — Sel gemme. — Sel marin, etc. — Analyse du sel gemme. — Sulfures de sodium.

22ᵉ LEÇON. — *Lithium.* — Généralités.

Combinaisons du Lithium avec l'oxygène. — Lithine. — Sa préparation. — Caractères des sels de lithine. — Dosage de la lithine. — Potasse, soude et lithine.

Minéraux contenant de la lithine.—Pétalite. —Triphane. — Tourmaline apyre. — Mica lépidolite. — Analyse du mica-lépidolite.

Sels ammoniacaux. — Carbonate. — Oxalate. — Chlorhydrate d'ammoniaque.—Essais de ces sels.— Phosphate d'ammoniaque. — Analyse.

MÉTAUX ALCALINS TERREUX.

23ᵉ LEÇON. — *Barium.* — Généralités. — Combinaisons avec les métalloïdes.

Combinaisons du barium avec l'oxygène. — Baryte. — Sels de baryte.—Leurs caractères principaux,— caractères distinctifs.

Dosage de la baryte. — Liqueur acide contenant seulement de la baryte, — de la baryte et divers oxydes.

Minéraux de la baryte. — *Produits d'art.* — *Réactifs.* — Carbonate de baryte cristallisé, — cristallin. — Son emploi dans les analyses. — Carbonate de baryte impur. — Carbonate de baryte artificiel. — Baryto-calcite. — Sulfate de baryte. — Préparation de l'acétate, de l'azotate et du carbonate de baryte et du chlorure de Barium. — Sulfure de barium. — Chlorure de barium. — Baryte caustique. — Eau de baryte. — Essai de ces réactifs.

24ᵉ LEÇON. — *Strontium.* — Généralités. — Combinaisons avec les métalloïdes. — Strontiane. — Sels de strontiane. — Caractères principaux. — Caractères distinctifs. — Dosage de la strontiane, dans une liqueur azotique ou chlorhydrique. — Baryte et strontiane; Évaluation par le calcul; Emploi du chromate neutre de potasse.

Minéraux de la strontiane. — Carbonate de strontiane, Analyse. — Sulfate de strontiane, Analyse.

Calcium. — Généralités. — Combinaisons avec les métalloïdes. — Chaux. — Sels de chaux. — Réactions principales. — Caractères distinctifs. — Dosage de la chaux, dans liqueur acide contenant seulement des sels ammoniacaux; dans liqueurs contenant des sels alcalins; de l'acide phosphorique; de la chaux et de l'acide borique. — Chaux, baryte et strontiane. — Terres alcalines et alcalis. — Terres alcalines et acide phosphorique. — Alcalis, terres alcalines et acide phosphorique.

25ᵉ LEÇON. — *Minéraux.* — *Produits d'art.* — *Réactifs.* — Carbonate de chaux. — Son examen au laboratoire. — Analyse de la castine — d'un calcaire ; à chaux grasse ; à chaux maigre. — Matériaux de construction. — Carbonate de chaux employé comme réactif. — Spath calcaire. — Sulfate de chaux. — Cristallisé. — Pierre à plâtre. —

Emploi du sulfate de chaux au laboratoire. — Phosphate de chaux. — Analyse. — Arséniate et antimoniate de chaux. — Fluorure de calcium. — Spath fluor; Analyse. — Chaux caustique. — Eau de chaux. — Chaux livrée aux fabricants ou aux usines. — Emploi de la chaux dans les analyses. — Azotate de chaux. — Chlorure de calcium. — Chlorure de chaux. —Sulfure de calcium.

26ᵉ LEÇON. — *Magnésium.* — Généralités. — Combinaisons avec les métalloïdes.

Magnésie. — Sels de magnésie. — Réactions principales. — Caractères distinctifs. — Dosage de la magnésie, dans liqueur azotique, — dans liqueur azotique avec alcalis, dans liqueur sulfurique, chlorhydrique, — à l'état caustique, — à l'état de phosphate, ammoniaco-magnésien. — Magnésie et alcalis à doser. — Magnésie et lithine. — Magnésie, baryte et strontiane. — Magnésie et chaux. — Magnésie et acide phosphorique.—Magnésie et acide borique.

Minéraux de la magnésie. — Magnésie anhydre, Périclase. — Magnésie hydratée. — Carbonates de magnésie. — Carbonate neutre. — Hydrocarbonate. — Dolomie. — Analyse. — Hydrosilicate de magnésie. — Magnésite. — Analyse. — Borates de magnésie. — Phosphate de magnésie. — Sulfate de magnésie employé comme réactif.

MÉTAUX TERREUX.

27ᵉ LEÇON. — *Aluminium — généralités.* — Combinaisons avec les métalloïdes. — Alumine anhydre. — Hydratée. — Sels d'alumine. — Combinaisons de l'alumine avec les oxydes. — Sulfates doubles. — Réactions principales. — Réactions caractéristiques des sels d'alumine.

Marche à suivre pour l'analyse qualitative d'une substance minérale.

Dosage de l'alumine. — Acide azotique ou chlorhydrique et alumine. — Alumine et acide sulfurique. — Alumine et alcalis. — Alumine, Baryte, Strontiane. — Alumine et chaux ; Liqueur azotique, Chlorhydrique. —Alumine et magnésie. — Alumine, terres alcalines, alcalis. — Alumine et acide phosphorique. — Alumine et acide arsénique. — Alumine, chaux, magnésie et alcalis.

28ᵉ LEÇON. — *Minéraux de l'alumine. — Produits d'art.* — Alumine anhydre, Corindon. — Analyse de l'émeri. Alumine hydratée, Gibsite, Diaspore. — Analyse du diaspore. — Phosphates d'alumine, Wavellite. — Turquoise. — Analyse de la turquoise.— Cryolite. — Analyse.

29ᵉ LEÇON. Sulfates d'alumine. — Terres alunifères. — Schistes alumineux. — Alun ammoniacal. — Alun de potasse. — Analyses. — Silicates d'alumine. — Schistes argileux. — Argiles. — Kaolins. — Analyse. —Analyse des argiles. — Argiles pyriteuses.

3oᵉ LEÇON. — *Glucyum.* — Glucyne. — Sels de Glucyne — Caractères généraux. — Caractères distinctifs.— Dosage de la glucyne. — Acide azotique ou chlorhydrique et glucyne. —Glucyne et alcalis. — Glucyne et terres alcalines. — Alumine et glucyne. — Acide phosphorique et glucyne.

Minéraux de la Glucyne. — Émeraude. — Analyse.

31ᵉ LEÇON. — *Zirconium.* — Zircone. — Sels de Zircone. — Caractères généraux. — Caractères distinctifs. — Dosage de la Zircone. — Zircone et alcalis. — Zircone et terres alcalines. — Zircone, alumine et glucyne.

Minéraux de la Zircone. — Zircon. — Analyse.

Thorium. — Thorine. — Sels de thorine. — Caractères généraux. — Caractères distinctifs. — Dosage de la thorine. — Thorine et alcalis. — Thorine et terres alcalines. — Thorine, alumine et glucyne.

Minéral de la thorine. — Thorite.

32ᵉ LEÇON. — *Yttrium.* — *Yttria.* — Sels d'yttria. — Caractères généraux. — Caractères distinctifs.

Dosage de l'yttria : — Yttria et acide azotique. — Yttria et acide sulfurique. — Yttria et acide phosphorique. — Yttria et terres alcalines. — Yttria alumine et glucyne. — Yttria et zircone. — Yttria et thorine.

Minéral de l'yttria : — Gadolinite. — Analyse.

APPLICATIONS.

33ᵉ LEÇON. — Analyse des gaz. — Considérations générales, difficultés de la prise d'essai.

Air atmosphérique. — Recherche de l'ammoniaque ; évaluation de l'eau et de l'acide carbonique. — Détermination de l'oxygène et de l'azote.

34ᵉ LEÇON. — *Air des mines.* — Détermination de l'acide carbonique, des hydrogènes carbonés, de l'oxygène et de l'azote. — Évaluation de l'hydrogène sulfuré.

Gaz des hauts-fourneaux. — Vapeur d'eau. — Analyse des gaz. — Appareil.

35ᵉ LEÇON. — *Examen des eaux douces.* — *Eaux servant aux usages domestiques.* — Analyse — matières en suspension. — Gaz dissous. — Acide azotique. — Phosphorique. — Ammoniaque.

Eaux employées dans les chaudières à vapeur. — Généralités. — Analyse des eaux. — Analyse des dépôts.

36ᵉ LEÇON. — *Eaux minérales.* — Gaz dégagés à la source. — Gaz dissous dans l'eau minérale.

Examen de l'eau à la source. — Oxygène et azote. — Hydrogène sulfuré. — Acide carbonique. — Recherche des gaz dans les eaux transportées. — Analyse de l'eau minérale. — Opérations préliminaires. — Analyse qualitative et quantitative. — Acide carbonique. — Sulfurique. — Chlorhydrique. — Brome et iode. — Acide azotique. — Ammoniaque. — Matières organiques. — Arsenic. — Fluor. — Acide borique.

Dosages des bases.
Interprétation des résultats.
Dépôts des eaux minérales.

37ᵉ LEÇON. — *Considérations générales sur les matériaux employés dans les constructions.* — Constructions à l'air. — Mortiers faits avec des chaux grasses. — Constructions faites sous l'eau. — Mortiers de chaux hydrauliques. — — Fabrication des mortiers. — Composition des chaux hydrauliques. — Chaux siliceuses. — Chaux naturelles. — Chaux artificielles. — Chaux hydrauliques alumineuses. — Calcaires argileux à peu près purs et homogènes. — Calcaires argileux peu homogènes. — Calcaires argileux et magnésiens. — Calcaires pyriteux. — Calcaires contenant du sulfate de chaux. — Chaux artificielles.

38ᵉ LEÇON. — *Réactions qui ont lieu pendant la prise des mortiers.* — Chaux siliceuses. — Chaux alumineuses. — Causes de décomposition. — Influence du sable. — Influence de l'eau de mer et des sels qui y sont contenus. — Influence du sulfate de chaux. — Action de l'acide carbonique, de l'hydrogène sulfuré.

Mortiers de ciments. — Ciments à prise rapide. — Réactions qui déterminent la prise. — Influence de la magnésie et du sulfate de chaux. — Causes de décomposition. — Ciments immergés. — Ciments à prise lente. — Prise des mortiers de ciments. — Bétons. — Causes de décomposition.

— Influence de la composition. — Mélanges de ciments divers.

39ᵉ LEÇON. — *Pouzzolanes.* — Fabrication et emploi des mortiers. — Réactions qui déterminent la prise. — Emploi des chaux hydrauliques dans les mortiers de pouzzolanes. — Oxydes contenus dans les pouzzolanes. — Causes de décomposition.

Pouzzolanes artificielles. — Argiles calcinées. — Terres à briques. — Laitiers de hauts fourneaux. — Scories. — Cendres de combustibles minéraux. — Silex et silice.

Procédés d'analyse. — Calcaires non bitumineux. — Calcaires bitumineux. — Chaux hydrauliques et ciments. — Chaux et ciments ayant fait prise. — Pouzzolanes. — Mortiers.

40ᵉ LEÇON. — *Examen des terres végétales.* — Composition des végétaux. — Analyse des cendres végétales. — Terres végétales. — Prise d'essai. — Examen analytique. — Analyse rapide.
Eaux d'irrigation et de drainage.

41° LEÇON. — *Amendements et engrais.* — Marnes. — Sulfate de chaux. — Phosphate de chaux. — Cendres des combustibles. — Tangues. — Engrais.

Deuxième année.

Métaux proprement dits.

1ʳᵉ LEÇON. — *Chrome.* — Généralités. — Combinaisons avec les métalloïdes.

Combinaisons du chrome avec l'oxygène. — Oxyde vert de chrome. — Sels de chrome. — Caractères principaux. — Acide chromique. — Chromates. — Dosage du chrome. — Oxyde de chrome et acide chlorhydrique. — Oxyde de chrome ou acide chromique et alcalis. — Dosage de l'acide chromique. — Analyse d'un chromate neutre. — Chromates acides. — Oxyde de chrome et terres alcalines. — Oxyde de chrome et alumine.

Minéraux du chrome. — Oxyde de chrome anhydre, hydraté. — Fer chromé. — Analyse.

2ᵉ LEÇON. — *Vanadium.* — Généralités. — Combinaisons avec les métalloïdes. — Combinaisons du vanadium avec l'oxygène. — Bioxyde de vanadium. — Sels de vanadium. — Acide vanadique. — Caractères des vanadates. — Vanadites. — Sulfovanadites. — Dosage du vanadium. — Vanadates alcalins. — Sulfovanates. — Vanadate d'ammoniaque.

Minéraux et produits d'art. — Minerai de fer renfermant du vanadium. — Chlorophosphate de plomb vanadiaté.

3ᵉ LEÇON. — *Molybdène.* — Généralités. — Combinaisons avec les métalloïdes.

Combinaisons du molybdène avec l'oxygène. — Protoxyde de molybdène. — Sels de protoxyde de molybdène. — Bioxyde de molybdène. — Caractères des sels de bioxyde de molybdène. — Acide molybdique. — Dissolutions de l'acide molybdique dans les acides. — Molybdates. — Dosage du molybdène. — Sulfomolybdates. — Molybdates alcalins. — Acide molybdique et terres alcalines. — Acide molybdique et vanadique.

Minéraux du molybdène. — Sulfure de molybdène. — Analyse — Molybdate de plomb. — Analyse.

4ᵉ LEÇON. — *Tungstène.* — Généralités. — Combinaisons

avec les métalloïdes. — Combinaisons du tungstène avec l'oxygène. — Bioxyde de tungstène. — Acide tungstique. — Caractères des tungstates. — Dosage du tungstène. — Tungstates alcalins. — Acide tungstique et terres alcalines. — Acide tungstique et acide chromique. — Acide tungstique et acide vanadique. — Acide tungstique et acide silicique. — Tungstène et fluor.

Minéraux du Tungstène. — Produits d'art. — Tungstate de chaux. — Tungstate de plomb.— Wolfram. — Analyse. — Acier contenant du tungstène.

5ᵉ LEÇON. — *Tantale.* — Généralités.— Combinaisons avec les métalloïdes. — Combinaisons du tantale avec l'oxygène. — Oxyde de tantale. — Acide tantalique. — Tantalates. — Dosage du tantale.

Minéraux du tantale. — Tantalites. — Columbites. — Yttro-tantalites. — Fergusonite.

Titane. — Généralités. — Combinaisons avec les métalloïdes. — Combinaisons du titane avec l'oxygène. — — Oxydes inférieurs. — Acide titanique. — Combinaisons salines formées par l'acide titanique. — Dissolutions acides. — Titanate. — Dosage du Titane. — Acide titanique et alcalis. — Acide titanique et silice. — Acide titanique et terres alcalines. —Acide titanique et alumine.

Minéraux du titane. — Anatase. — Rutile. —Analyse. — Fers titanés. — Analyse. — Titanates complexes.

6ᵉ LEÇON. — *Uranium.* — Généralités. — Combinaisons avec les métalloïdes. — Combinaisons de l'urane avec l'oxygène. — Protoxyde d'urane. — Sels de protoxyde d'urane. — Caractères principaux. — Sexquioxyde d'urane. — Sels de sesquioxyde d'urane. — Uranates. — Dosage de l'urane. — Oxyde d'urane. — Oxyde d'urane et acide phosphorique. —Oxyde d'urane et acide arsénique. — Oxyde d'urane et alcalis. — Oxyde d'urane et alumine.

Minéraux de l'urane.— Phosphates d'urane. — Uranite. — Chalcolite. — Pechblende. — Analyse. — Sesquioxyde hydraté. — Sulfate. — Carbonate.

7ᵉ LEÇON. — *Cérium.* — Généralités. — Combinaisons avec les métalloïdes. — Combinaisons du cérium avec l'oxygène. — Protoxyde de cérium. — Sels de protoxyde de cérium. — Caractères généraux. — Sesquioxyde de cérium. — Lantane et didyme. — Dosage du cérium. — Liqueur azotique, Chlorhydrique. — Oxyde de cérium et acide phosphorique. — Oxyde de cérium et alcalis. — Oxyde de cérium et terres alcalines. — Oxyde de cérium, alumine et glucyne— Alumine et glucyne. —Oxyde de cérium et yttria.

Minéraux du cérium. —Fluorures simples. —Fluocérite. — Fluocérine. — Yttrocérite. — Cérite. — Analyse. — Silicates complexes. — Gadolinite. — Allanite. — Cérine. — Orthite.

8ᵉ LEÇON. — *Manganèse.* — Généralités. — Combinaisons avec les métalloïdes. — Alliages. — Combinaisons du manganèse avec l'oxygène. — Protoxyde de manganèse. — Sels de protoxyde de manganèse. — Caractères principaux des dissolutions. — Oxyde rouge de manganèse. Sesquioxyde de Manganèse. — sels de sesquioxyde de manganèse. — Bioxyde de manganèse. — Acide manganique, Manganates — Acide permanganique, Permanganates. — Dosage du manganèse. — Acide chlorhydrique et manganèse. — Manganèse — acides phosphorique — acide sulfurique.—Acide arsénique. — Manganèse et alcalis.—Permanganate de potasse. — Manganèse et terres alcalines. — Baryte et Manganèse. — Chaux et manganèse. — Alumine et manganèse. — Manganèse, oxyde de Cérium, Yttria.

9ᵉ LEÇON. — *Minéraux du manganèse.* — Sulfure. — Arséniure. — Carbonate. — Silicates de manganèse. —

— Minerais de manganèse. — Haussmanite. — Braunite. — Manganite. — Pyrolusite. — Bioxyde hydraté. — Psilomélane. — Analyse. — Essai commercial. — État d'oxydation du manganèse. — Examen des manganèses au point de vue commercial. — Chlorométrie. — Minerais destinés à produire de l'oxygène.

10° LEÇON. — *Fer*. — Généralités. — Fer et oxygène. — Fer et acides. — Fer et alcalis. — Fer et soufre. — Fer et chlore. — Fer et brome. — Fer et fluor. — Fer et phosphore. — Fer et arsenic. — Fer, carbone et silicium. — Alliages. — Combinaisons du fer avec l'oxygène. — Protoxyde de fer. — Sels de protoxyde de fer. — Caractères généraux. — Oxyde magnétique. — Peroxyde de fer. — Sels de peroxyde de fer.

11° LEÇON. — Dosage du fer. — Acide azotique, Acide chlorhydrique, Peroxyde de fer. — Acide sulfurique, Peroxyde de fer. — Matières organiques, Peroxyde de fer. — Acide phosphorique, Acide arsénique, Peroxyde de fer. — Acide silicique, Oxyde de fer. — Alcalis. Oxyde de fer. — Terres alcalines, Oxyde de fer. — Oxyde de fer et alumine. — Oxyde de fer, Oxyde de chrome, Zircone. — Oxyde de fer, Alumine, Terres alcalines, Acide phosphorique. — Oxyde de fer et glucine. — Oxyde de fer, Alumine, Terres alcalines — Oxyde de fer, Oxyde de manganèse. — État d'oxydation du fer.

12° LEÇON. — *Minerais et minéraux du fer*. — Fer météorique. — Analyse. — Peroxyde de fer anhydre. — Fer oligiste. — Fer spéculaire. — Fer micacé. — Minerais violets. — Hématite rouge. — Fer oxydé rouge, compacte, granulaire ou terreux. — Fer oxydulé. — Analyse. — Franklinite. — Peroxyde de fer hydraté : Hématite brune; Minerais compactes; Minerais terreux ou cloisonnés; Minerais en grains; Minerais oolitiques; Ocres; Minerais des marais. Analyses.

13ᵉ LEÇON. — Carbonates de fer. — Fer carbonaté spathique. — Fer carbonaté compacte ou lithoïde. — Silicates de protoxyde et de peroxyde de fer. — Hypersthène. — Grenats — Chlorite. — Phosphates de fer. — Arséniates de fer. — Pyrites de fer, Pyrite jaune, Pyrites magnétiques, Mispickel.

14ᵉ LEÇON. — *Produits d'art.* — *Fontes.* — Fontes blanches lamelleuses. — Fontes blanches grenues, fibreuses. — Fontes grises ou noires. — Fontes truitées. — Fontes finées et mazées. — Action du chlore et du brome sur les fontes. — Analyse d'une fonte : Carbone combiné, Graphite, Carbone total, Silicium, Aluminium, titane et tungstène, Vanadium. — Évaluation du manganèse. — Détermination du soufre. — Recherche de l'arsenic et du phosphore. — Recherche du cuivre.

Aciers. — Généralités. — Analyse. — Recherche du tungstène, — du carbone.

Fers, tôles. — Analyse.

Laitiers. — Généralités. — Analyse.

Scories. — Analyse.

Cadmies. —

15ᵉ LEÇON. — *Essais par voie sèche.* — Essai pour fonte. — Creusets brasqués. — Fourneaux. — Opération. — Essai complet. — Expériences préliminaires. — Essai au creuset brasqué. — Fondants. — Discussion des résultats. — Procès-verbal d'essai. — Analyse de la fonte.

16ᵉ LEÇON. — *Cobalt.* — Généralités. — Combinaisons avec les métalloïdes. — Alliages. — Combinaisons du cobalt avec l'oxygène. — Protoxyde de cobalt. — Sels de protoxyde de cobalt. — Caractères généraux. — Sels doubles formés par l'oxyde de cobalt. — Dissolution ammoniacale d'oxyde de cobalt. — Sesquioxyde de cobalt. — Oxyde intermédiaire.

— Dosage du cobalt. — Dissolution ammoniacale contenant l'azotate ou le chlorure de cobalt. — Dosage à l'état de sesquioxyde, à l'état de sulfure. — Acide sulfurique, Oxyde de cobalt. — Acide phosphorique, Oxyde de cobalt. Acide arsénique, Oxyde de cobalt. — Oxyde de cobalt, Alcalis. — Oxyde de cobalt, Terres alcalines. — Oxyde de cobalt, Alumine. — Alumine, Acide phosphorique, Oxyde de cobalt. — Oxyde de cobalt, Oxyde de manganèse. — Oxyde de fer, Oxyde de cobalt.

17ᵉ LEÇON. — Minéraux et produits d'art. — Sulfure de cobalt. — Sesquisulfure. — Arséniure de cobalt. — Sulfoarséniure. — Cobalt gris.—Analyse.— Arséniate de cobalt. — Sulfate de colbalt. — Cobalt oxydé noir. — Oxyde de cobalt artificiel. — Silicates de cobalt. — Speiss. — Aluminate de cobalt. — Bleu-Thénard. — Outremer.

18ᵉ LEÇON.— *Nickel.*—Généralités.—Combinaisons avec les métalloïdes. — Alliages.— Combinaisons du nickel avec l'oxygène. — Protoxyde de nickel. — Sels de protoxyde de nickel. — Caractères généraux. — Sels doubles de nickel. — Dissolution ammoniacale. — Sesquioxyde de nickel. — Dosage du nickel, Acide azotique ou chlorhydrique. — Oxyde de nickel et ammoniaque. — Oxyde de nickel et alcalis. — Oxyde de nickel, terres alcalines. — Alumine, Oxyde de Manganèse.—Oxyde de nickel et arsenic.—Oxyde de nickel et acide arsénique : — 1ᵉʳ procédé, sulfuration par voie sèche; 2ᵉ procédé : emploi de la vapeur d'eau ; 3ᵉ procédé, emploi de l'acide azotique ou de l'eau régale.— Oxyde de nickel, Acide phosphorique. — Oxyde de nickel, oxyde de cobalt : — 1ᵉʳ procédé : emploi de la potasse; 2ᵉ procédé : emploi du carbonate d'ammoniaque; 3ᵉ procédé, emploi de l'oxalate d'ammoniaque; 4ᵉ procédé, emploi du carbonate de baryte.

19ᵉ LEÇON. — Minéraux et produits d'art. — Sulfure de

nickel. — Pyrites magnétiqucs nickelifères. — arséniures de nickel. — Nickel arsenical. — nickel arsenical blanc.— Arséniosulfure de nickel, nickel gris. — Antimonio-sulfure de nickel. — Arséniates de nickel. — Ilydrocarbonate de nickel. — Nickel métallique. — Oxyde de nickel. — Speiss.

20ᵉ LEÇON.—*Cuivre.*—Généralités. —Combinaisons avec les métalloïdes. — Alliages.

Combinaisons du cuivre avec l'oxygène. Oxydule de cuivre. — Sels d'oxydule de cuivre. — Oxyde de cuivre.— Sels d'oxyde de cuivre. — Caractères généraux. — Sels doubles formés par l'oxyde de cuivre.

Dosage du cuivre.—Liqueur chlorhydrique : 1ᵉʳ procédé, hydrogène sulfuré; 2ᵉ procédé, sulfocyanhydrate d'ammoniaque; 5ᵉ procédé, ammoniaque et sulfhydrate; 4ᵉ procédé, potasse ; 5ᵉ procédé, fer ou zinc.

Évaluation par liqueur titrée de sulfure de sodium. — Colorimétrie. — Cuivre, Nickel, Cobalt.

21ᵉ LEÇON. — *Minéraux et minerais.*
1° Cuivre natif.
2° Produits donnés par la préparation mécanique. — Examen du corocoro.
Cuivre oxydulé. — Cuivre oxydé noir.
Cuivre carbonaté bleu. — Cuivre carbonaté vert.
Hydrosilicates de cuivre.
Sulfates de cuivre : Sulfate neutre, Sous-sulfate (Brochantite).
Phosphates de cuivre : Cuivre phosphaté, Cuivre hydrophosphaté et phosphate terreux.
Arséniates de cuivre : Olivénite. Érinite. Lirocomite. Aphanèse. Euchroïte.
Sulfure de cuivre.—Cuivre sulfuré argentifère.—Sulfure double de cuivre et d'étain.— Sulfure double de cuivre et d'antimoine.

22ᵉ LEÇON. — *Cuivre pyriteux.* — Cuivre panaché. — Cuivre gris.

23ᵉ LEÇON. — *Produits d'art :* — Cuivre rouge. — Cuivre noir. — Mattes. — Minerais grillés. — Mattes grillées. — Scories : Traitement des minerais oxydés et du cuivre natif, Traitement des minerais pyriteux.

24ᵉ LEÇON. *Alliages.* — Alliage de cuivre de nickel et de zinc. — Analyse. — Bronzes. — Alliages de cuivre et de zinc. — Alliage ne contenant pas d'arsenic et d'antimoine. — Alliage contenant de l'arsenic ou de l'antimoine.

Essais par la voie sèche. — Procédés suivis dans les laboratoires :

1° Minerais oxydés : Minerais riches, Minerais très-pauvres ;

2° Minerais sulfurés et pyriteux : Minerais riches, Minerais pauvres. — Scories pauvres.

Minerais de cuivre complexes.

Méthode d'essai adoptée en Angleterre. — Minerais pyriteux. — Minerais contenant de la blende, de la blende et du mispickel. — Minerais Pyriteux contenant de l'oxyde d'étain. — Cuivre gris. — Bournonite. — Minerais oxydés.

25ᵉ LEÇON. — *Zinc.* — Généralités. — Combinaisons du zinc avec les métalloïdes. — Alliages.

Combinaison du zinc avec l'oxygène.

Oxyde de zinc. — Sels de zinc. — Caractères généraux. — Dosage du zinc : Emploi du carbonate de soude, du sulfhydrate d'ammoniaque, de l'hydrogène sulfuré. — Oxyde de zinc et alcalis. — Oxyde de zinc, Terres alcalines, Alumine. — Oxyde de zinc et oxyde de manganèse. — Oxyde de zinc et oxyde de fer. — Oxyde de zinc, de nickel et de cobalt. — Oxyde de zinc, oxyde de cuivre. — Évaluation du zinc par liqueur titrée à l'aide du monosulfure de sodium.

26ᵉ LEÇON. — *Minéraux et minerais du zinc.* — Oxyde rouge (brucite).—Carbonate de zinc.—Hydrocarbonate de zinc.— Silicate anhydre.— Silicate hydraté.

Calamine.—Calamine native.—Calamine provenant d'altération sur place.— Calamine provenant d'altération suivie de transport. — Calamine à peu près pure.—Calamine très-impure.—Blende.

27ᵉ LEÇON.—*Produit d'art.*—Zinc métallique.—Calamine calcinée.—Blende grillée.

Résidus du traitement des minerais de zinc.—Débris des creusets et de moufles.

Oxydes de zinc : Blanc de zinc, Oxydes blancs, Oxydes colorés par des poussières de houille, Oxydes gris.

Blanc de zinc pulvérulent.— Blanc de zinc en pâte.

Cadmium. — Généralités. — Combinaisons du cadmium avec les métalloïdes. — Combinaisons du cadmium avec l'oxygène. — Oxyde de cadmium. — Sels de cadmium. — Caractères généraux. — Dosage du cadmium : Liqueur acide contenant seulement le cadmium; Liqueur acide contenant du zinc et du cadmium.

Minéraux et produits d'art.

Sulfure de cadmium.— Greenockite. — Cadmium métallique. — Sulfure de cadmium artificiel. — Blende grillée contenant de l'oxyde de cadmium.

28ᵉ LEÇON.— *Antimoine.*— Généralités. — Combinaisons de l'antimoine avec les métalloïdes. — Alliages. — Combinaisons de l'antimoine avec l'oxygène : Oxyde d'antimoine.—Sels d'antimoine.— Caractères généraux.— Antimonites.— Acide antimonique.

Sels et dissolutions contenant l'acide antimonique. — Antimoniates.

Dosage de l'antimoine : Liqueur chlorhydrique contenant seulement l'antimoine.— Liqueur chlorhydrique contenant des alcalis, des terres alcalines.—Liqueur chlorhydrique contenant des métaux tels que le cuivre, le zinc, etc.—Liqueur chlorhydrique contenant du nickel. — Silicates contenant de l'antimoine.—Acide antimonique et oxyde d'antimoine.

Antimoine et arsenic. — Liqueur régale contenant de très-faibles quantités d'arsenic et d'antimoine. — Liqueur contenant l'arsenic et l'antimoine en quantité un peu forte. Évaluation de l'arsenic, Détermination de l'antimoine.

29ᵉ LEÇON.—*Minéraux de l'antimoine.*—Antimoine natif. —Oxyde d'antimoine.—Antimoniate d'oxyde d'antimoine. — Sulfure d'antimoine. — Wolfsbergite. — Berthiérite. — Haidingérite. — Zinkénite. — Plagionite, etc. — Analyse.

Produits d'art de l'antimoine.
Sulfure d'antimoine fondu.
Minerais grillés. — Antimoine métallique. — Régule. — Fumées.—Scories.— Kermès et soufre doré.

Essais par voie sèche : Minerai grillé, Minerai sulfuré.

30ᵉ LEÇON. — *Étain.* — Généralités. — Combinaisons de l'étain avec les métalloïdes.— Alliages.— Combinaisons de l'étain avec l'oxygène : Protoxyde d'étain. — Sels de protoxyde d'étain. — Caractères généraux.—Bioxyde d'étain : Dissolutions contenant le bioxyde d'étain.

1° Dissolution de l'étain dans l'eau régale chlorhydrique.
2° Dissolution chlorhydrique de l'oxyde d'étain monohydraté.
Stannates alcalins.
Oxyde d'étain et alcalis fixes.
Dosage de l'étain : Dissolution chlorhydrique contenant seulement l'étain; Dissolution chlorhydrique contenant des alcalis etc; Dissolution régale.
Étain, Nickel, Cobalt, Cuivre. — Silicates contenant de l'oxyde d'étain. — Étain et tungstène.

Etain, Arsenic, Antimoine : Recherches de très-petites quantités d'arsenic et d'antimoine. — Séparation et dosage de l'arsenic, de l'antimoine et de l'étain.

Minéraux de l'étain. —Étain pyriteux.—Oxyde d'étain : Examen complet d'un minerai d'étain, Minerais pauvres, —Précipitation par le zinc métallique.

Produits d'art : — Minerais préparés. — Examen de ces minerais.—Étain métallique.— Scories.

Alliages : — Analyse d'un alliage d'étain, antimoine, plomb, zinc, cuivre, nickel; recherche du tungstène.

Essais par la voie sèche : — Procédé industriel. — Procédés d'essais employés dans les laboratoires : Essais à température modérée; Essais à haute température.

31° LEÇON.—*Mercure.* — Généralités.— Combinaisons du mercure avec les métalloïdes.— Amalgames. — Combinaisons du mercure avec l'oxygène; Oxydule de mercure. — Sels d'oxydule de mercure.— Caractères généraux.— Caractères distinctifs. — Oxyde de mercure; Sels d'oxyde de mercure.—Caractères généraux.

Dosage du mercure ;—Liqueur chlorhydrique contenant seulement le mercure : Emploi du protochlorure d'étain, de l'acide phosphoreux ou hypophosphoreux.—Dissolution régale : Emploi de l'ammoniaque et du sulfhydrate, etc.

Procédés de séparation : — Sels de mercure. — Alcalis, Terres alcalines, Terres, etc. — Sulfate d'oxydule de mercure employé dans la télégraphie.

Minéraux du mercure: — Sulfure de mercure (cinabre). —Mercure métallique.—Chlorure de mercure.— Séléniure de mercure.

Produits d'art du mercure : — Mercure métallique. — Fumées.—Suie.—Résidus.— Cinabre et vermillon.

Essais par la voie sèche : Minerais très-riches, Minerais très-pauvres.— Essai du chlorure de mercure.

52ᵉ LEÇON. —*Bismuth.* — Généralités. — Combinaisons du bismuth avec les métalloïdes. — Alliages. — Combinaisons du bismuth avec l'oxygène ; Oxyde de bismuth. — Sels formés par l'oxyde de bismuth. — Caractères généraux.— Peroxyde de bismuth.

Dosage du bismuth :— Liqueur azotique contenant seulement le bismuth ; Liqueur chlorhydrique ; Liqueur sulfuriqué ; Liqueur acétique. — Tellure et bismuth. — Bismuth et fer.—Bismuth et zinc.

Minéraux et produits d'art : —Bismuth natif.—Oxyde de bismuth.—Sulfure de bismuth.—Tellurure de bismuth.— Arséniure de bismuth. — Silicate de bismuth. — Bismuth du commerce.

53ᵉ LEÇON.— *Plomb.* — Généralités. — Ses combinaisons avec les métalloïdes. —Alliages.—Combinaisons du plomb avec l'oxygène : Protoxyde de plomb. — Sels formés par l'oxyde de plomb. — Caractères généraux. — Bioxyde de plomb. — Minium.

Dosage du plomb:— A l'état de protoxyde, de bioxyde, de sulfure, de sulfate. — Liqueur azotique; Liqueur chlorhydrique. — Dosage à l'état de chlorure.

Plomb et arsenic.—Oxyde de plomb et alcalis.— Plomb et nickel.—Plomb, zinc, fer. —Plomb et cadmium.

54ᵉ LEÇON. —*Minéraux et minerais de plomb.*— Oxydes de plomb : Oxyde jaune, Oxyde rouge. — Carbonate de plomb, Carbonate cristallisé, Minerai carbonaté terreux. — Chlorure de plomb. — Oxychlorure. — Aluminate de plomb.

Galène. — Galène pure. — Galène mélangée de sulfures divers. — Sulfate de plomb. — Séléniures de plomb. — Phosphate de plomb.—Arséniate de plomb. —Arséniure de plomb.

35° LEÇON. —*Produits d'art.*—Produits de la préparation mécanique : Plomb métallique, Plomb marchand, Plomb d'œuvre, Plomb aigre, Mattes.

Minerais et mattes grillés.—Scories.— Fumées du grillage, de la fusion, de la coupellation. --Fonds de coupelle.

Abzugs. — Abstrichs. — Litharges sales. — Analyse. — Litharges jaunes et rouges.

Minium.—Examen du minium au laboratoire.--Céruse. — Mélanges.— Céruse préparée.

36° LEÇON.—*Essais par la voie sèche.*—Minerais oxydés: Minerais riches. — Fondants à employer. — Litharges et minerais tout à fait purs. — Minerais contenant de la calamine.— Minerais très-pauvres.— Scories.

Minerais sulfurés. — Galène riche à gangues terreuses. — Fusion au creuset de fer ; Fusion au creuset de terre avec flux et lame de fer ; Fusion avec flux noir ; Fusion avec carbonate de soude, soude caustique et lame de fer. — Minerais pauvres ; Lavages à l'auget. — Minerais blendeux. — Blendeux très-pauvres. — Minerais pyriteux. —Galènes antimoniales.

Sulfate de plomb.— Minerais grillés. — Mattes grillées. —Antimoniates de plomb. — Phosphates et arséniates de plomb.

37° LEÇON. — *Argent.*— Généralités. —Combinaisons de l'argent avec les métalloïdes. — Alliages. — Combinaisons de l'argent avec l'oxygène : Oxyde d'argent. — Sels d'argent.— Caractères généraux.

Dosage de l'argent. — Dissolution azotique contenant seulement l'argent,--Évaluation par liqueurs titrées.

Précipitation de l'argent à l'état de sulfure.—Antimoine et argent.—Antimoine, argent et plomb. — Argent et mercure. — État chimique de l'argent dans les minerais complexes.

7

Minéraux et minerais. — Argent natif. — Sulfure d'argent. — Sulfure d'argent et de fer. — Antimoniure, Arséniure d'argent. — Arséniosulfure et antimoniosulfure d'argent. — Sulfures complexes. — Séléniures et tellurure d'argent. — Chlorure. — Bromure. — Iodure d'argent. — Chlorobromure.— Amalgame d'argent.

Minerais d'argent : Minerais argentifères, — Minerais d'argent.— Minerais de sulfure d'argent. — Minerais contenant des sulfures complexes, des sulfo-antimoniures, etc. —Minerais chlorurés.

Produits d'art de l'argent. — Argent métallique : Produit par coupellation du plomb d'œuvre, obtenu par précipitation, par amalgamation. — Alliages d'argent et de cuivre.

58ᵉ LEÇON. — *Essais par la voie sèche.*
Production du culot de plomb.
Minerais de plomb : Minerais riches et purs. — Minerais riches et impurs.—Minerais très-pauvres.—Litharges.
Blende, Pyrite de fer : 1° fusion après grillage avec litharge et charbon; 2° fusion avec nitre et litharge; 3° fusion avec excès de nitre et de litharge; 4° procédé mixte (eau régale, litharge, fusion avec carbonate de soude).
Minerais antimoniaux.— Minerais de cuivre. — Minerais de nickel et de cobalt.—Minerais contenant des tellurures. — Minerais d'argent (contenant peu de sulfures métalliques). — Scorification.
Coupellation du plomb : Coupellation du plomb pur; Coupellation du plomb impur; Coupellation des alliages de plomb et d'argent; Coupellation directe de la galène et du sulfure d'argent; Coupellation directe du sulfure de cuivre argentifère.

59ᵉ LEÇON.—*Or.*— Généralités. — Combinaisons de l'or avec les métalloïdes. — Alliages. — Combinaisons de l'or avec l'oxygène : Protoxyde d'or, Peroxyde d'or. — Combinaisons salines.— Aurates. — Dissolution chlorhydrique.

Dosage de l'or. — Dissolution chlorhydrique : Emploi du sulfate de protoxyde de fer; Emploi de l'acide oxalique. — Dissolution régale.

Or et tellure.— Or et argent.— Alliages contenant plus de 80 p. 100 d'argent. — Alliages contenant plus de 80 p. 100 d'or.— Inquartation.

Alliages contenant plus de 20 p. 100 d'or et de 20 p. 100 d'argent. — Emploi de l'acide sulfurique. — Inquartation.

Or, argent et cuivre. — Emploi de la pierre de touche.

Minerais et minéraux d'or.—Or natif.—Minerais métalliques. — Alluvions anciennes, Modernes. —Caractères de l'or natif.

Essais par la voie sèche.—Production du culot de plomb. — Pyrites de fer.— Cuivre pyriteux.—Cuivre panaché.— Blende.—Sulfure d'antimoine.—Cuivre gris.—Galènes. — Tellurures.—Alluvions, leur examen.

Coupellation du culot de plomb. — Analyse du bouton obtenu par coupellation. — Dosage de l'argent et de l'or. — Coupellation directe des alliages.

40ᵉ LEÇON.— *Platine.*— Généralités.— Combinaisons du platine avec les métalloïdes. — Alliages. — Combinaisons du platine avec l'oxygène; Protoxyde de platine.—Sels de protoxyde de platine. — Bioxyde de platine. — Sels formés par le bioxyde de platine.

Dosage du platine. — Liqueur chlorhydrique; Réduction à l'état métallique par le mercure, par l'azotate d'oxydule de mercure, par l'acide formique ou le formiate de soude.— Précipitation à l'état de chlorure double ammoniacal, de chlorure double de platine et de potassium.

Platine et argent. — Alliages contenant peu de platine. —Alliages contenant peu d'argent. — Alliages à parties à peu près égales de platine et d'or. — Recherche du platine dans les roches.

Palladium. — Généralités. — Combinaisons avec les métalloïdes. — Combinaisons du palladium avec l'oxygène; Protoxyde de palladium. — Sels de protoxyde de palladium. — Bioxyde de palladium.

Dosage du palladium. — Liqueur azotique ou chlorhydrique. — Palladium et cuivre. — Palladium et or. — Palladium et platine.

Minéraux de palladium. — Palladium natif. — Alliage d'or et de palladium. — Séléniure de palladium.

Rhodium. — Généralités. — Ses combinaisons avec les métalloïdes. — Combinaisons du rhodium avec l'oxygène; Sesquioxyde de rhodium. — Sels de sesquioxyde de rhodium. — Caractères généraux. — Bioxyde de rhodium. — Dosage du rhodium. — Chlorure double. — Sulfate double. — Rhodium et fer. — Rhodium et zinc. — Rhodium, Argent et or.

41ᵉ LEÇON. — *Iridium.* — Généralités. — Combinaisons avec les métalloïdes. — Alliages. — Combinaisons de l'iridium avec l'oxygène; Protoxyde d'iridium, Sesquioxyde d'iridium, Bioxyde d'iridium, Acide iridique. — Dissolutions contenant de l'iridium.

Dosage de l'iridium. — Dissolution régale. — Dissolution contenant le chlorure double d'iridium et de sodium.

Ruthénium. — Généralités. — Combinaisons avec les métalloïdes. — Combinaisons du ruthénium avec l'oxygène, Protoxyde, Bioxyde, Sesquioxyde de ruthénium, Acide ruthénique. — Sels de ruthénium. — Préparation du ruthénium.

Osmium. — Généralités. — Combinaisons avec les métalloïdes. — Alliages. — Combinaisons de l'osmium avec l'oxygène, Protoxyde d'osmium, Sesquioxyde d'osmium,

Bioxyde. — Acide osmieux, Acide osmique. — Osmiates.
—Dissolution contenant de l'osmium.

Dosage de l'osmium. — Chlorure double. — Alliage.

COURS DE MINÉRALOGIE.

Introduction et caractères généraux des minéraux.

1re LEÇON. — Objet de la minéralogie. — Aperçu historique sur le développement de cette science. — Ordre adopté pour le cours.

2e LEÇON. — Caractères dits extérieurs ou physiques.

3e LEÇON. — Caractères géométriques. — Existence générale de la forme cristalline. — Constance des angles. — Liaison que présentent les différentes formes d'une même substance ; réduction de ces formes à un petit nombre de types.

4e LEÇON. — Loi de symétrie ; systèmes cristallins ; formes principales de chacun d'eux.

5e LEÇON. — Loi de dérivation ; forme dite primitive. — Détermination du système cristallin d'un minéral. — Groupements.

6e LEÇON. — Caractères physiques en relation avec la forme géométrique ; clivages.

7e LEÇON. — Caractères chimiques. — Reproduction artificielle des minéraux.

8e LEÇON. — Notions sur l'espèce et la classification. — Caractères de gisement.

Examen des espèces (*).

9ᵉ LEÇON. — Substances atmosphériques. — Eau. — Soufre. — Graphite ; Diamant.

10ᵉ et 11ᵉ LEÇON. — Quartz et opale.

12ᵉ LEÇON. — *Silicates.* — Généralités. — Zircon. — Andalousite ; disthène.

13ᵉ LEÇON. — Péridot. — Eustatite ; pyroxène. — Amphibole.

14ᵉ et 15ᵉ LEÇON. — Groupe des feldspaths. — Amphigène. — Néphéline.

16ᵉ LEÇON. — Cordiérite. — Grenat ; idocrase. — Epidote. — Staurotide. — Émeraude.

17ᵉ LEÇON. — Wernérite. — Topaze. — Tourmaline — Axinite. — Sphène. — Sodalite. — Haüyne.

18ᵉ LEÇON. — Micas. — Chlorites. — Talc. — Serpentine.

19ᵉ LEÇON. — Zéolithes.

20ᵉ LEÇON. — Argiles.

21ᵉ LEÇON. *Ammoniaque, potasse et soude.* — Salmiac. — Nitre. — Carnallite. — Sel gemme. — Carbonates de soude — Glaubérite. — Nitratine. — Borax.

22ᵉ LEÇON. — *Baryte et strontiane.* — Barytine. — Célestine. — Withérite. — Strontianite.

23ᵉ et 24ᵉ LEÇON. — *Chaux et magnésie.* — Calcite ; ara-

____

(*) On suit dans le cours l'ordre adopté pour la classification de la collection de l'École.

gonite. — Dolomie. — Fluorine. — Anhydrite ; gypse. — Apatite. — Schéelite. — Périclase. — Giobertite. — Boracite.

25ᵉ LEÇON. — *Alumine.* — Corindon. — Groupe des spinelles. — Cymophane. — Production artificielle des minéraux de ce groupe.

26ᵉ, 27ᵉ et 28ᵉ LEÇON. — *Fer.* — Fer natif. — Météorites au point de vue minéralogique.

Pyrite ; marcassite. — Pyrrhotine. — Mispickel. — Leucopyrite.

Magnétite. — Martite. — Franklinite. — Chromite. — Oligiste. — Fers titanés. — Goethite. — Limonite. — Chamoisite.

Sidérose.

Wolfram. — Phosphates (vivianite, etc.). — Arséniates (pharmacosidérite, etc.). — Sulfates.

29ᵉ LEÇON. — *Chrome.* — *Vanadium.*

Manganèse. — Hausmannite ; braunite ; pyrolusite ; manganite ; psilomélane. — Diallogite. — Rhodonite. — Phosphates.

Cobalt. — Linnéite. — Smaltine. — Cobaltine, etc.

Nickel. — Millérine. — Nickéline. — Rammelsbergite. — Texasite.

30ᵉ LEÇON. — *Zinc.* — Blende ; wurtzite. — Spartalite. — Smithsonite. — Calamine. — Willémite.

Étain. Cassitérite.

Titane. Rutile ; Anatase ; Broohite.

31ᵉ LEÇON. — *Tellure.* Sylvanite. — Nagyagite. — Bornine.

Antimoine. — Antimoine natif. — Stibine. — Sulfures doubles. — Exitèle ; senarmontite.

Bismuth. — Bismuth natif. — Bismuth sulfuré.

Arsenic. — Arsenic natif. — Réalgar. — Orpiment.

Urane. — Pechurane. — Uranochlore. — Chalkolite.

Molybdène. — Molybdénite.

32ᵉ LEÇON. — *Plomb.* — Galène. — Clausthalite. — Céruse, — Anglésite. — Pyromorphite. — Mimetésite. — Chroïcoise. — Vanadinite. — Mélinose. — Schéelitine.

33ᵉ LEÇON. — *Cuivre.* — Cuivre natif. — Chalkosine. — Covelline. — Philippsite. — Chalkopyrite. — Ziguéline. — Mélaconise. — Azurite. — Malachite. — Atacamite. — Dioptase. — Phosphates. — Arséniates. — Vanadate.

34ᵉ LEÇON. — *Mercure.* — Mercure natif. — Cinabre.

Argent. — Argent natif. — Amalgame (arquérite). — Discrase. — Argyrose. — Psaturose. — Argyrithrose ; proustite. — Kérargyre. — Bromite ; iodite.

35ᵉ LEÇON. — *Or.* — Or natif.

Platine et ses compagnons. — Platine natif. — Osmiridium.

Des conférences pratiques, au nombre de huit au moins, font suite au cours oral et servent à le compléter.

COURS DE PALÉONTOLOGIE.

1ʳᵉ LEÇON. — La paléontologie ; son but pratique ; son utilité pour l'ingénieur des mines.

Définition du mot *fossile*. — Fossiles caractéristiques.

Horizon d'une espèce fossile. — Faunes et flores fossiles.

La paléontologie n'est pas une science spéciale, ce n'est que l'histoire naturelle d'un groupe d'êtres particuliers.

Plan du cours.

2ᵉ LEÇON. — Coup d'œil sur les caractères généraux de la faune des terrains paléozoïques.

3ᵉ LEÇON. — *Trilobites*. — Étude des diverses parties constituant la carapace des trilobites.

La tête ; glabelle, joue fixe, joue mobile. — Yeux. — Diverses sutures. — L'hypostome.

Le thorax ; sa composition ; ses anneaux mobiles ; axe et plèvres. — Deux types de plèvres.

4ᵉ LEÇON. — Caractères des principaux genres de trilobites :

Paradoxides. — Trinucleus. — Asaphus. — Calymene. Phacops. — Dalmanites. — Acidaspis. — Bronteus.

Espèces principales de ces genres ; leur position dans les couches paléozoïques.

5ᵉ LEÇON. — *Céphalopodes*. — Notions sur l'organisation de l'animal du Nautile. — Sa tête et ses bras, son entonnoir. — Son sac, son tube, ses branchies. — Éléments de la coquille du nautile. — Cloisons, siphon, dernière loge.

Caractères sur lesquels est fondée la classification des céphalopodes tétrabranches.

6ᵉ LEÇON. — Étude des principaux genres de Nautiliens :

Nautilus. — Gyroceras. — Gomphoceras. — Cyrtoceras. — Orthoceras.

7ᶜ LEÇON. — *Brachiopodes.* — Notions sur l'anatomie de la lingule et de la térébratule. — Éléments de l'enveloppe solide des brachiopodes. — Coquille. — Ouverture, deltidium, appareil supportant les bras, etc., etc.

8ᵉ LEÇON. — Caractères des principaux genres de Brachiopodes :
Terebratula. — Rhynchonella. — Athyris. — Atrypa. — Spirifer. — Orthis. — Strophomena. — Leptœna. — Productus. — Calceola.
Description de quelques-unes des principales espèces de ces genres.

9ᵉ LEÇON. — Examen de diverses formes organiques caractéristiques des terrains de transition :
Euomphalus. — Bellerophon. — Graptolithes, etc., etc.

10ᵉ LEÇON. — Considérations sur la flore des terrains paléozoïques, et particulièrement du terrain houiller.
Examen de quelques types composant cette flore :
Fougères (Pecopteris, Sphenopteris). — Lepidodendron. — Calamites.

11ᵉ LEÇON. — Coup d'œil sur les caractères généraux de la faune des terrains secondaires.
Céphalopodes. — De la Bélemnite ; son organisation, sa place parmi les céphalopodes dibranches.
Description des principales espèces de Bélemnites des terrains jurassique et crétacé.

12ᵉ LEÇON. — *Ammonites.* — Caractères du genre ammonites ; place du siphon. — Cloisons. — Division des espèces d'Ammonites en plusieurs groupes ; importance de plusieurs d'entre eux.
Description des principales espèces du Lias.

13ᵉ LEÇON. — Description des principales espèces d'Ammonites, de l'oolithe inférieure, de l'oxford-clay et de l'étage oolithique supérieur.

14ᵉ LEÇON. — Description des principales espèces d'Ammonites, de l'étage néocomien, du gault, de la craie chloritée et de la craie blanche.

15ᵉ LEÇON. — Caractères des genres Crioceras, Scaphites, Ancyloceras, Hamites, Turrilites. Étude des espèces principales de ces genres.

16ᵉ LEÇON. — Des huîtres du terrain jurassique et de la craie.

17ᵉ LEÇON. — Des Rudistes. -- Leur place parmi les Lamellibranches ; description de quelques espèces de Sphérulites, de Radiolites et d'Hippurites. — Rôle des Rudistes dans les dépôts crétacés.

18ᵉ LEÇON. — Échinodermes. — Examen de l'enveloppe solide des Oursins :

Ambulacres, plaquettes apiciales, Aire ambulacraie et aire interambulacraie ; péristome, périprocte. — Division des anciennes familles. — Examen des principaux genres composant ces familles.

Cidaris. — Pseudodiadema. — Hemicidaris. — Cyphosoma. — Salenia. — Echinoconus. — Dysaster. — Holaster. — Micraster, etc.

19ᵉ LEÇON. — Caractères généraux de la forme des terrains tertiaires.

Notions sommaires sur quelques mammifères de l'époque tertiaire.

Paleotherium. — Anophotherium. — Lophiodon. — Dinotherium. — Mastodontes. — Rhinocéros.

20ᵉ LEÇON. — Examen sommaire des caractères des divers ordres et familles des Mollusques gastéropodes et acéphalés.

Examen des caractères principaux des genres composant ces familles et étude spéciale de quelques espèces de ces genres, appartenant aux terrains tertiaires.

COURS DE GÉOLOGIE (*).

1re LEÇON. — *Introduction*. — Objet de la géologie, — ses rapports avec les autres sciences,— son but pratique — Cartes géologiques. — Applications. — Aperçu de géogénie : — Phénomènes éruptifs et sédimentaires, — principes de la théorie des soulèvements. — Plan du cours.

2e LEÇON. — *Notions astronomiques et physiques*. — Forme générale de la terre. — Densité. — Magnétisme. — Chaleur superficielle et centrale. — Épaisseur de l'écorce.

3e LEÇON. — *Géographie*. — Détermination et représentation des accidents géographiques. — Orographie et hydrographie de la France.

4e LEÇON. — Orographie et hydrographie de l'Europe et des autres parties de la terre.

5e LEÇON. — Résultats généraux de l'étude orographique et hydrographique : — hauteur moyenne des continents,— étude de la convexité. — Description méthodique des formes du relief.

6e LEÇON. — Réseau pentagonal : — Théorie géométrique, — moyens d'application,

7e LEÇON. — Application géographique du réseau.

8e LEÇON. — *Notions hydrologiques et météorologiques.*—

(* Les 17 premières leçons de généralités et les 4 leçons de résumé final sont faites tous les ans *in extenso*.

Les descriptions des formations éruptives et sédimentaires son alternativement résumées de manière à faire rentrer le cour chaque année dans le cadre de 40 leçons.

Mouvement des eaux et de l'air. — Érosions. — Sédimentation.

9ᵉ LEÇON. — Neiges perpétuelles. — Glaciers.

10ᵉ LEÇON. — *Lithologie.* — Structure des roches.

11ᵉ LEÇON. — Composition des roches : — Généralités,— Minéraux intégrants et disséminés (renvoi à *la Minéralogie*). — Principes de la nomenclature.

12ᵉ LEÇON. — Description des roches:— Roches plutoniques communes cristallines, — granitoïdes, —gneissiques ;

13ᵉ LEÇON. — Roches plutoniques communes compactes ou porphyroïdes ; — Roches plutoniques communes vitreuses et roches volcaniques ;

14ᵉ LEÇON. — Roches plutoniques exceptionnelles de départ (hyalomictes, pegmatites, etc.), — Roches plutoniques exceptionnelles d'émanation (gangues de filons) et roches neptuniennes de précipitation (siliceuses, calcaires, etc.),

15ᵉ LEÇON. — Roches métallifères (minerais) ; — Roches combustibles ; — Roches neptuniennes détritiques.

16ᵉ LEÇON.—Eaux : — douces,— salées,—minérales; — Émanations gazeuses, — Atmosphère; — Sol végétal. — Végétaux, — Animaux, — Flores et faunes fossiles (renvoi à *la Paléontologie*). — Rapports généraux des éléments matériels résumés par la vis tellurique.

17ᵉ LEÇON. — *Stratigraphie synthétique.* — Généralités sur les terrains. — Tableau résumé des formations éruptives et des formations sédimentaires. — Discordances de stratification.— Liste des soulèvements classés.—Failles, —épure des rejets. — Cartes géologiques, — sections verticales — roses de directions.

18ᵉ LEÇON. — *Description géognostique et géogénique des formations éruptives.* — Tableau général des phénomènes volcaniques. — Volcans de divers genres.

19ᵉ LEÇON. — Phénomènes des cratères : — détails relatifs à divers volcans, — boursouflements et affaissements. — Tremblements de terre.

20ᵉ LEÇON. — Lave, — allures des coulées, — produits accessoires. — Structure et nature des terrains volcaniques, pyroxéniques et feldspathiques.

21ᵉ LEÇON. — Série des émanations, — Sources minérales. — Distribution géographique des volcans et des points d'émanation.

22ᵉ LEÇON. — Volcans anciens et volcans préparés. — Basaltes et trachytes. — Cratères de soulèvement.

23ᵉ LEÇON. — Trapps et porphyres.

24ᵉ LEÇON. — Diorites et granites. — Gneiss. — Micaschistes.

25ᵉ LEÇON. — Généralités synthétiques sur les filons et les gîtes métallifères.

26ᵉ LEÇON. — Appareil métallifère de la Saxe.

27ᵉ LEÇON. — Appareils métallifères du Hartz, — de la Thuringe, — des provinces rhénanes.

28ᵉ LEÇON. — Appareils métallifères de la Scandinavie, — de la Grande-Bretagne.

29ᵉ LEÇON. — Gîtes métallifères remarquables de l'Espagne, — de l'Italie, — des Alpes, — des Carpathes, — de l'Oural.

30ᵉ LEÇON. — Gîtes métallifères remarquables de l'Asie, —

de l'Australie,— de l'Afrique,— de l'Amérique ;—Appareil métallifère de la Californie.

31° LEÇON. — Appareils métallifères de la France : — Bretagne, — Ardennes, — Vosges, — Massif des montagnes centrales, — Pyrénées. — Alpes.

32° LEÇON. — Gîtes métallifères et gîtes minéraux divers des régions non montagneuses de la France. — Alignements des gîtes. — Rapports d'âge et de nature des gîtes minéraux et des roches éruptives.

33° LEÇON. — *Description géognostique et géogénique des formations sédimentaires.* — Généralités synthétiques sur les formations carbonifères.—Terrain houiller du centre de la France.

34° LEÇON. — Terrain houiller des autres parties de la France.

35° LEÇON. — Terrain houiller : — Allemagne,— Grande-Bretagne, — Amérique.

36° LEÇON. — Grès anthraxifère et millstone grit. — Calcaire carbonifère.

37° LEÇON. — Terrain dévonien.

38° LEÇON. — Terrain silurien : — France, — Belgique, — Allemagne.

39° LEÇON. — Terrain silurien : — Grande-Bretagne, — Scandinavie, — Amérique septentrionale.—Terrains anté-siluriens : — cambrien, —laurentien.

40° LEÇON. —Grès rouge,— zechstein et calcaire magnésien.—grès des Vosges. — Terrain permien.

41° LEÇON. — Terrain du trias.

42ᵉ LEÇON. — Terrain jurassique : — France.

43ᵉ LEÇON. — Terrain jurassique :— Grande-Bretagne,— Allemagne, — région méditerranéenne.

44ᵉ LEÇON. — Terrains néocomiens et crétacés:— France.

45ᵉ LEÇON.— Terrains néocomiens et crétacés:— Grande-Bretagne, — Allemagne, — région méditerranéenne.

46ᵉ LEÇON. — Terrains tertiaires : — France.

47ᵉ LEÇON. — Terrains tertiaires: — Grande-Bretagne,— Allemagne, — Suisse, — Italie, — Amérique.

48ᵉ LEÇON. — Terrains récents: — Diluviums. — Blocs erratiques. — Cavernes. — Alluvions et Dunes.

49ᵉ LEÇON. — *Géogénie.* — Rapports généraux des terrains éruptifs et sédimentaires , — Théories des soulève-ments, des émanations et du métamorphisme. — Résumé géogénique.

50ᵉ LEÇON. — État thermométrique du globe terrestre. — Refroidissement progressif : — Théorie mathématique de ce phénomène.

51ᵉ LEÇON. — Discussion des formules, qui expriment les variations des températures à diverses époques et à différentes profondeurs.

52ᵉ LEÇON. — Influence qu'a exercée la température du globe sur les climats qui ont régné à sa surface pendant les différentes périodes géologiques. — Variations probables dans l'avenir. — État vers lequel parait tendre le globe terrestre.

COURS DE CONSTRUCTION

ET

DE CHEMINS DE FER.

Première partie.

Construction.

1re LEÇON. — *Objet et limites du cours.*

1° Théorie des matériaux. — 2° Fondations. — 3° Ouvrages en maçonnerie. — 4° Ouvrages en charpente et ouvrages métalliques. — 5° Couvertures. — 6° Applications diverses.

I. — THÉORIE DES MATÉRIAUX.

a. Solides prismatiques sollicités par des efforts agissant suivant l'axe, normalement à l'axe, obliquement à l'axe. — Coefficient d'élasticité E. — Effort tranchant : 1° normalement aux fibres ; 2° parallèlement aux fibres. — Coefficient d'élasticité de glissement G.

2e LEÇON. — Solides prismatiques, posés sur plusieurs points d'appui en ligne droite. — Détermination de la condition de l'équarrissage, de la flèche, des points d'inflexion. par la méthode fondée sur l'évaluation préalable des réactions des points d'appui.

3e LEÇON. — Principe général de la répartition de la matière dans les solides chargés transversalement. — Solides d'égale résistance. — Profil transversal évidé.

b. Solides plans à axe curviligne sollicités par des forces quelconques agissant dans leur plan.—Condition générale de l'équarrissage.— Flèche.— Application à un solide circulaire. — Comparaisons.

4ᵉ LEÇON. — *Cas pratique.*— Solide circulaire posé symétriquement sur deux appuis, chargé d'un poids uniformément réparti : 1° sur la corde ; 2° sur l'arc, et maintenu latéralement aux deux extrémités.

Détermination de la poussée.

Solides d'équilibre. — Conditions générales.

5ᵉ LEÇON.—*Cas pratique.* — 1° Solide maintenu latéralement et chargé de poids uniformément répartis sur la corde.

2° Solide chargé de poids répartis uniformément sur l'arc.

3° Solide sollicité par des forces réparties uniformément, et normalement à l'axe.

Détermination des quantités V, V', 1, et des constantes R, R', R″ et E qui entrent dans les formules établies plus haut.

Détermination géométrique des moments d'inertie des sections les plus simples.

II. — OUVRAGES EN MAÇONNERIE.

6ᵉ LEÇON. — (Le sol est d'abord supposé parfaitement stable, ou convenablement consolidé.)

Classification, suivant la nature et l'état des matériaux.

a. Conditions de stabilité. — *b.* Procédés d'exécution.

a. Conditions de stabilité. — 1° Murs et massifs.— Pourquoi ils ne sont pas considérés et traités comme des solides continus.

Principe. — Stabilité : 1° de glissement ; 2° de rotation. —Moyen de sortir de l'équilibre strict : 1° par la méthode des coefficients de stabilité ; 2° par la méthode des surépaisseurs; avantages de la seconde.—Comment on vérifie

que la charge maximum ne dépasse pas la charge pratique R' adoptée.

Massifs divers.— 1° Épaisseur des murs de clôture.

2° Épaisseur des murs portant des combles.

3° Épaisseur des murs portant des étages avec refends.
— Fruit.

4° Murs soutenant des eaux.

5° *Murs soutenant des terres.* — 1° Méthode générale de
détermination de la poussée.

Cas particulier où il n'y a pas de surcharge.—Épaisseur
de stabilité : 1° par glissement ; 2° par rotation.

7° LEÇON.—*Cas général* avec surcharge. — Causes de la
difficulté des calculs : élévation du degré des équations qui
donnent les épaisseurs de stabilité, par glissement et par
rotation.— Établissement des formules approchées qui fi-
gurent dans les recueils de tables. — Transformation des
profils.— Terres et maçonneries *moyennes.*

8° LEÇON.— 2° *Voûtes.*—Établissement des deux inégalités qui expriment les conditions nécessaires et suffisantes
de la stabilité.— Application de ces conditions aux voûtes
circulaires en berceau et en plein cintre, extradossées
parallèlement, horizontalement, et en chape. — Détermination de la poussée.—Théorème sur les poussées des voûtes
semblables.— Tables de poussées.— Angles de rupture.—
Comparaison des poussées des voûtes, et des arcs continus,
toutes choses égales d'ailleurs.— Explication d'un résultat
paradoxal.—Voûtes en arc.—Comment on les ramène à la
voûte en plein cintre dont elles dérivent. — Influence du
surbaissement, à ouverture égale, sur la poussée.— Plates
bandes.

9° LEÇON. — Mode de détermination de l'épaisseur des
voûtes, en partant de formules empiriques, et vérifiant la
pression sur les joints.

Épaisseur des voûtes avec surcharge d'une très-grande hauteur. — Cas où cette surcharge peut devenir coulante. — Détermination directe de la poussée dans ce cas.

Pieds-droits. — Détermination de l'épaisseur d'équilibre strict. — Application d'un coefficient de stabilité, et détermination de la pression maximum, par unité de surface. — Limite finie de l'épaisseur de stabilité de rotation pour une hauteur infinie. — Danger du glissement dans les assises supérieures des pieds-droits des voûtes surbaissées. — Mesures spéciales qu'il exige.

10ᵉ LEÇON.—*Stabilité des voûtes par la courbe des pressions.*—Cas dans lesquels la méthode analytique est insuffisante. — Absence de tables et presque impossibilité d'en établir pour tous les cas.— Courbes des pressions.— Définition.— Tracé.— Usage.— Application aux voûtes accolées, exerçant sur le pied-droit commun des poussées inégales.

Stabilité des voûtes dérivées du berceau.—Voûtes annulaires. — En arc de cloître. — D'arête.—Dôme.—Niche.— Voûtes biaises. — Poussée au vide ; elle dépend de l'appareil, qui théoriquement peut l'annuler.

Exécution.— 1º *Murs et massifs.*— Liaison des maçonneries.

2º *Voûtes.* — Division en voussoirs. — Voûtes biaises.— Appareils divers.

11ᵉ LEÇON.— *Opérations sur le chantier.* — 1º Réception des matériaux.— Pierres naturelles.— Artificielles. — Éléments des mortiers. — Chaux diverses. — Ciments, pouzzolanes, sables.

2º *Élaboration des matériaux.* — Taille des pierres. — Outils. — Fabrication des mortiers, de chaux grasses et hydrauliques.

3º Pose, comprenant : le bardage, le levage, et la pose proprement dite.

12ᵉ LEÇON. — Pose des voûtes en pierre de taille et en petits matériaux.— Cintres. — Décintrement. — Avantages de l'emploi des mortiers à prise rapide pour la construction des voûtes.— Chapes.— Résistance des maçonneries. — Exemples.

III. — FONDATIONS.

1° Ordinaires. — 2° Hydrauliques.

1° *Ordinaires*. — Terrains compressibles. — Mobiles. — Affouillables.

13ᵉ LEÇON.— 3 Procédés. — 1° *Poids de la construction reporté, au-dessous du mauvais terrain, sur un banc solide.*

Pilotis. — Murs continus, piliers en maçonneries. — Exemples.

2° *Amélioration du mauvais terrain.*—Condensation par des pieux en bois, en sable.— Parafouilles.

3° *Création d'un sol artificiel.*—Radier général : en charpente, en béton, en sable. — Exemples. — Condition de stabilité spéciale au glissement des fondations des murs soumis à une poussée. — Équation d'équilibre strict, en tenant compte de la *butée* des terres en avant de la fondation.— Tranchées; arceaux et radier.

14ᵉ LEÇON.— 2° *Hydrauliques.* — Deux classes de procédés : 1° par épuisement de l'eau dans une enceinte; 2° par refoulement de l'eau.

1ʳᵉ *classe*. — Batardeaux. — Encaissement. — Caissons foncés.

2ᵉ *classe*. — 1° Enfoncements de tubes par aspiration à l'intérieur. — Exemples.

2° Fondations tubulaires proprement dites.— Exemples.

3° Procédé du pont de Kehl.

Procédé modifié.

Procédé du pont de Saltash.

15ᵉ LEÇON. — *Détails sur les opérations diverses des fondations.* — 1° Épuisements. — 2° Dragages. — 3° Fabrication et mode d'emploi du béton. — 4· Battage des pieux. —Pieux à vis de M. Mittchell. — 5° Emploi du sable, expériences.

IV. — CHARPENTE.

16ᵉ LEÇON. — Conditions résultant des propriétés mécaniques et de la manière d'être des bois, très-différentes de celles des pierres.

Pans de bois. — *Planchers.* — Solives. — Enchevêtrures, formation de l'aire. — Poutres. — Poutres armées. — Poutres d'assemblage.

Combles. — Fermes simples, fermes sur jambes de force. Fermes sans tirants. —Fermes circulaires. —Fermes longitudinales. — Demi-fermes de croupe et d'arêtier.

17ᵉ LEÇON. — Combles sur plans circulaires. — Combles sur plans irréguliers.

Équarrissage des fermes transversales.

Ponts en charpente. — 1° Passerelles. — 2° Ponceaux. — 3° Ponts sur longerons simples; sur longerons avec corbeaux et contre-fiches; sur longerons avec sous-poutres et contre-fiches. — Ponts sur arcs.

Exécution des ouvrages en charpente. — 1° Réception des matériaux. —Défauts des bois. —Résistances des bois. — 2° Assemblages divers. — 3° Procédé général d'exécution des assemblages. —Étélon.—Piqué des bois. — Tracé des assemblages. — Outils de charpentiers. — Courbure des bois. —Dessiccation artificielle. — Levage : — 1° Par parties ; — 2° En masse. — Exemples.

18ᵉ LEÇON. — *Emploi du fer et de la fonte dans les ouvrages en charpente.*— *Poutres.*— Armatures.—*Combles.* — Tirants. — Poinçons.

Planchers. — Solives. — Poutres, formes diverses et modes de calculs.

Combles. — Fermes avec tirants d'armature et tirants de poussée, au niveau des naissances, ou retroussés. — Calcul de l'équarrissage des divers éléments.

Ponts.

1° *Ponts sur poutre.* — *a. Poutres de hauteur constante.* — Égalité de résistance, obtenue par des surépaisseurs des plates-bandes et de l'âme. — Ponts à plusieurs travées. — Continuité ou discontinuité sur les appuis. — Moments de rupture et efforts tranchants dans toutes les sections, déduits, par la méthode de M. Clapeyron, des moments de rupture au droit des appuis.

19° LEÇON. — Répartition du métal de telle sorte que les moments de résistance forment un polygone-enveloppe des paraboles correspondant aux moments de rupture pour divers modes d'application des charges sur les travées. — Application à un exemple. — Détails de construction. — Ame pleine. — Poutre-caisse. — Ame en treillis. — Calcul direct de la partie en treillis dans le cas d'une seule travée.

Positions du tablier : 1° Sur les plates-bandes supérieures, 2° Sur les plates-bandes inférieures. — 5° Intermédiaire.

20ᵉ LEÇON. — Ponts à deux, trois et quatre poutres. — Comparaison.

Poutres d'égale résistance par variation de la hauteur. — Pont de Saltash. — Ponts de M. Pauli. — *Ponts sur arcs.* — Artifices de construction. — Pont d'Arcole. — Conditions différentes des arcs en fonte et des ponts en tôle rivée, par suite des notables efforts d'extension qui peuvent se développer dans ceux-ci. Application de la courbe des pressions.

Influence des variations de température.

Ponts tournants.—Mode de calcul.—Calage.—Exemples.

21ᵉ LEÇON. 2° *Ponts suspendus.* — Tension des cables. — Nécessité de leur donner exactement la longueur calculée. — Câbles. — Chaînes. — Longueur des maillons. — Longueur des tiges de suspension. — Amarrage des câbles. — Ponts n'occupant qu'une travée partielle. — Motifs. — Ponts de plusieurs travées. — Indépendance des travées.

Application des ponts suspendus aux chemins de fer : — Exemples aux États-Unis. — Les inconvénients inhérents au principe, c'est-à-dire à la flexibilité des supports, disparaissent pour les très-grandes ouvertures.

Opérations sur le chantier.

22ᵉ LEÇON. — *Réception des matériaux* — Fer. — Tôles. — Fontes. — Résistances, élastiques et à la rupture. — Charges pratiques.

Rivure. — 1° A recouvrement, avec un ou plusieurs rangs de rivets ; — 2° à couvre-joints, avec un ou plusieurs rangs de rivets. Réduction de la résistance, dans l'hypothèse que les rivets travaillent par cisaillement. — Expériences qui confirment les conséquences de cette hypothèse, malgré son inexactitude pour les rivets posés et *façonnés* à chaud. — Couvre-joints doubles.

23ᵉ LEÇON. — *Levage.* — Exemples. — Ponts sur arcs. — Ponts sur poutres. — Lancement. — Pont de Fribourg. — Ponts suspendus.

VI. — COUVERTURES.

Inclinaison des combles. — Deux classes de couvertures.
— 1° Sans couvre-joints spéciaux. — 2° A couvre-joints.
1ʳᵉ *classe.* — Tuiles plates, rectangulaires ou hexago-
nales. — Ardoises. — Pourquoi il y a partout une triple
épaisseur.
2ᵉ *classe.* — Pannes, tuiles creuses; couvertures métalliques; zinc, plomb, tôle cannelée. Cuivre.
Pose. — Outils de couvreurs. — Lattes. — Voliges.
Zinc; liberté de la dilatation et de la contraction. Joints
montants à tringles.

VII. — APPLICATIONS DIVERSES.

24ᵉ LEÇON. — 1° *Cheminées d'appartements, et d'usines.* —
Détermination de la section et de la hauteur de celles-ci. —
Mode de construction.
2° *Machines diverses.* — Machines — outils. — Laminoirs. — Marteaux. — Grues à pivot inférieur. — Machines
à vapeur.
3° *Travaux qu'exige l'aménagement des eaux motrices.* —
Digues d'étangs. — Prise d'eau. — Tête d'eau. — Canal
de dérivation. — Barrage. — Déversoirs. — Vannes motrices, de décharge, de compensation.

25ᵉ LEÇON. — *Notions sommaires sur les travaux d'amélioration des rivières et de la navigation artificielle.* —
1° Rivières. — Imperfections auxquelles il faut remédier.
— Digues longitudinales submersibles. — Barrages éclusés. — Barrages mobiles. — Digression sur les inondations.
— Digues longitudinales insubmersibles. — Limites dans
lesquelles il convient de les appliquer. — Exemples.

Canaux. — Canaux latéraux. — Canaux à point de par-
tage. — Alimentation. — Sas et écluses. — Dépense d'eau
par bateau montant ou descendant.

Consistance d'un port maritime. — Ports sans marée. — Ports à marée. — Étale. — Durée variable. — Jetées. — Avant-ports. — Bassins à flot. — Bassins et écluses de chasses. — Portes tournantes. — Absence de sas éclusés, dans les ports fréquentés par des navires d'un fort tonnage. — Grils de carénage. — Formes de radoub. — **Docks** flottants. — Docks de M. Clarke.

Deuxième partie.

Chemins de fer.

26ᵉ LEÇON. — Résistance au mouvement d'un corps glissant sur un plan horizontal.

Rouleaux.

Roues. — 1° Évaluation de l'effort de traction, en supposant le sol incompressible, et parfaitement uni.

2° Résistance due à la compressibilité du sol, même en le supposant parfaitement élastique.

3° Résistance due aux inégalités de la voie.

4° Influence de la vitesse, et des ressorts de suspension sur les pertes de force vive dues aux inégalités. — Valeur du *tirage* sur les routes pavées et empierrées. — Terme prédominant. — But multiple des chemins de fer.

Tracé. — Éléments auxquels il faut avoir égard pour la détermination du tracé entre deux points fixés d'avance.

Choix entre les remblais et les viaducs, entre les tranchées et les souterrains. — Limite à partir de laquelle il n'y a point à hésiter dans le second cas.

Influence de la nature du terrain. Exemples. Série d'opérations à exécuter soit graphiquement, soit sur le terrain, pour dresser un projet de chemin de fer.

27ᵉ LEÇON. — Usage des cartes du dépôt de la guerre, des plans d'ensemble et de détail du cadastre.

Tracé, sur le terrain, de l'axe provisoire représenté seulement par ses alignements droits.—Plan, profils en long et en travers.— Rectification de l'axe provisoire.— Piquetage, sur le terrain, du tracé définitif suivant ses alignements droits et suivant les courbes de raccordement.

Emprise du chemin. — A niveau, en déblai, en remblai. — Surfaces de déblai et de remblai. — Plan parcellaire.

Calcul et distribution des terrasses. — Emprunts et dépôts.

Emprise moyenne par kilomètre courant des principaux chemins à deux voies et à une voie.

Indications succinctes sur le mode d'exécution des travaux de terrassement.

Transport : 1° à la brouette, 2° au tombereau, 5° au wagon sur voie provisoire.

Exécution des tranchées par *entonnoirs.*

Souterrains, méthodes diverses.—Puits.—Durée de l'exécution.

Traversée de grandes chaînes. — Souterrain du Mont-Cenis. — Mesures prises pour assurer le raccordement des deux chantiers.— Compression de l'air.— Perforateurs.— Ventilation.

VOIE DE FER.

28ᵉ LEÇON.—Règlement du profil en travers.—Piquetage d'axe de la voie.— Pose de la voie. — Pose provisoire.— Vérification de la pose.—Jeu à ménager entre les bouts des rails.

Examen et discussion des éléments de la voie.

Rails sur traverses avec coussinets : leur section dérive du double T.

Surface de roulement.— Bombement.—Ses motifs.

Base — 1⁰ : Champignons symétriques. — Retournement sens dessus dessous. — Motifs qui limitent ce retournement.

Causes du martelage du rail à coussinets.

Rails à champignons inégaux. — Vices de cette forme.

Coussinets intermédiaires; de joint. — Le coussinet donne l'inclinaison au rail. — L'inclinaison résulte de la conicité des bandages. — Utilité d'une faible conicité au point de vue du parcours en alignement droit.

Coins. — Sens de la position des coins relativement au sens de la marche des trains sur les chemins à deux voies.

Entraînement des rails. — Ses causes. — Influence des joints non éclissés, des pentes et des rampes, des courbes, des freins, de la vitesse.

Chevilles.

Traverses intermédiaires, de joint; section, longueur, traverses équarries, demi-rondes, triangulaires.

Sabotage. — Il fixe la largeur de la voie. — Discussion à ce sujet. — Enquête anglaise sur les largeurs de voie. — Exemples : voie Brunel. — Chemins russes, espagnols, ancienne voie badoise. — Emploi d'un troisième rail.

Gabarit de sabotage.

Intervalles des traverses. — Inégale répartition des appuis.

Ballast. — Conditions qu'il doit remplir. — Leur importance. — Cube par mètre courant de chemins à une et à deux voies.

Rail Vignole ou américain. — Avantages de cette forme comparativement au rail à coussinets.

Inutilité des plaques métalliques entre le rail et la traverse (ailleurs qu'au joint non éclissé). — Rapport de la hauteur à la largeur de la base. — Stabilité. — Attaches du rail. — Crampons. — Tire-fonds. — Préférence donnée à ceux-ci.

Rail en Ω ou Brunel. — Inconvénient capital de cette forme.

Discussion de la pose sur longrines. — Exemples. — Great Western, anciennes voies de Bayonne, d'Auteuil, du Dauphiné, etc.

29ᵉ LEÇON. — *Consolidation des joints.* — Insuffisance du coin de joint, dans la voie à coussinets. — Éclisses. — Leur mode d'action. — Les boulons ne doivent travailler que par traction. — Éclisses à quatre et à trois boulons. — Rail entaillé du réseau central d'Orléans.

Calcul de l'effort moléculaire maximum développé dans le rail, dans l'éclisse, et de la tension du boulon. — Éclissage sur un appui ou en porte-à-faux dans la voie à coussinets. — Comparaison des deux modes.

Inutilité de la plaque de joint dans la voie Vignole éclissée, si ce n'est dans les courbes.

Consolidation des joints dans les voies à rail à champignon trop aigu pour admettre l'éclisse proprement dite. — Coussinets — éclisses. — Exemples : chemins de Lyon, de Paris à Mulhouse.

30ᵉ LEÇON. — *Points singuliers de la voie.*

1° *Passages à niveau.* — Contre-rails. — Barrières. — Dispositions diverses. Barrières : 1° tenues constamment fermées, et ouvertes à la demande de la circulation transversale ; 2° tenues constamment ouvertes, et fermées avant le passage des trains. — Comparaison.

Barrières manœuvrées à distance.

2° *Traversée des voies navigables.* — A une très-petite hauteur au-dessus du plan d'eau. — Ponts tournants. — Exemples.

3° *Traversées de voies.* — Disposition d'une traversée complète. — Pointes. — Pattes de lièvre. — Lacunes. — Minimum de la largeur des jantes.

4° *Changement de voie.* — Tracé. — Longueur du changement. — Angle du croisement.

Pointes en fer, en fonte, en acier.

Systèmes divers: à rails mobiles ; — à contre-rails mobiles. — à aiguilles. — Longueur théorique. — Longueur réelle des aiguilles. — Sens des raccordements, relativement au sens de la marche des trains sur les chemins à deux voies. — Voies de garage. — Danger des aiguilles en pointe. — Aiguilles faites à l'anglaise. — Changement à aiguilles inégales. — Inconvénients.

Moyens de protéger la pointe de l'aiguille de déviation.
Changement à trois voies.

Manœuvre des aiguilles.—Levier à contre-poids.—Contre-poids calé sur l'arbre. — Contre-poids mobile.

31° LEÇON. — *Plaques tournantes.*—Chariots pour passer d'une voie sur une voie parallèle.
Dimensions réglementaires de la plate-forme.
Voie : — Nécessité d'une uniformité absolue.
Entre-voie : — Accotement.
Exemples de profils en travers : — en tranchée, — en remblai, — en souterrain.
Asséchement de la voie :
Fossés. — Leurs dimensions. — Murettes. — Rigole dans les souterrains. — *Talus.* — Drainage. — Procédé de M. de Sazilly pour les affleurements argileux.
Asséchement des masses argileuses. — Exemples.
Assainissement des remblais. — Exemples.

MATÉRIEL DE TRANSPORT.

32° LEÇON. — *Caractères généraux.* — Leur discussion.
Nombre des essieux.
Parallélisme des essieux.
Solidarité des roues et des essieux.
Mentonnets des roues. — Pourquoi ils sont placés à l'intérieur.
Conicité des bandages.
Application de la charge en dehors des roues.
Position des roues sous la plate-forme des véhicules.
Matériel à voyageurs. — 1° *Voitures considérées isolément.*

Châssis : — Importance de ses fonctions ; — emploi partiel ou total du fer ; — ressorts de suspension ; — menottes.

Essieux : — forme ; — travail du fer dans les essieux.

Roues : — Moyeux en fonte avec rais en fer mandriné. — Faux-cercles. — Moyeux et rais en fer forgé.

Bandages : — Profil.

Boîtes à graisse : — Coussinets ; — graissage à la graisse.

Boîtes à huile : — Systèmes divers.

Boîtes à galets.

Plaques de garde : — Intervalle des essieux. — Influence de cet élément sur la stabilité des voitures à grande vitesse.

Voitures à six roues : — Exemples ; — inconvénients.

Caisses : — Remarques sur les distributions intérieures. — Système à couloir longitudinal, usité aux États-Unis. — Motifs tout spéciaux de l'adoption de cette disposition au delà de l'Océan.

Voitures à deux étages pour les petits parcours.

33ᵉ LEÇON. —*Appareils de choc et de traction.* — Réaction des véhicules entre eux. — Au démarrage et à l'arrêt.

Nécessité d'intermédiaires élastiques, surtout pour la traction. — Systèmes divers.

Matériel à voyageurs. — Mode ordinaire, à deux grands ressorts de choc et de traction, à deux tampons, et à tendeurs à vis.

Système à ressorts distincts pour la traction et pour le choc, du matériel d'Orléans.

Attelage avec pression des tampons. — son utilité.

Chaînes de sûreté ; — leur utilité douteuse.

Poids des voitures.

Matériel à marchandises. — Remarques sur la nécessité de ne pas trop multiplier les types spéciaux.

Trois grandes classes : 1° wagons plats ; 2° wagons à hausses de 1 mètre ; 5° wagons fermés.

Wagons spéciaux : wagons à bestiaux,—à lait ; —wagons accouplés pour les bois ; — wagons de service (coke, ballast).

Châssis.

Ressorts à menottes ou à patins. — Boîtes à graisse.

Roues montées, ordinairement les mêmes que celles du matériel à voyageurs.

Appareils de choc et de traction.

Systèmes divers ; —ressorts à feuilles d'acier ; — rondelles en caoutchouc ; — ressorts en spirale conique ; — liége.

RÉSISTANCE AU MOUVEMENT DES TRAINS REMORQUÉS,
EN ALIGNEMENT DROIT.

Deux méthodes générales : 1° *Évaluation individuelle de chacune des résistances ;* 2° *mesure en bloc de la résistance totale.*

1re *Méthode :*

Trois résistances : 1° frottement de la fusée ; — 2° résistance à la jante ; — 3° résistance de l'air.

1° Frottement à la fusée ; — exagération de la valeur : $f = 0{,}05$, généralement admise.

34e LEÇON. — 2° *Résistance à la jante :* — Mode de détermination de M. Wood.

3° *Résistance de l'air :* — Ses lois ; — influence des surfaces masquées.

Formule donnant le coefficient de la résistance totale.

2e *Méthode :*

On peut procéder : 1° Par l'observation du mouvement uniforme sur une pente.

2° Par l'observation du mouvement varié, d'abord accéléré, puis retardé.

3° Par le dynamomètre totaliseur, placé entre le moteur et le train.

Pourquoi l'application du premier mode est très-restreinte.

Application du deuxième mode par M. de Pambour.

3ᵉ Mode, le plus usité :

Expériences faites sur les chemins de fer de Lyon et de l'Est; valeur trouvée sur ces lignes pour la résistance des diverses classes de trains.

Formule de M. Hardinge usitée en Angleterre.

DES COURBES.

35ᵉ LEÇON. — Surcroît de résistance à la traction en courbe, du matériel rigide.

1° Conditions, pour une paire de roues, du mouvement *libre*.

Rayon de la courbe que peut parcourir *librement* une paire de roues ayant la conicité et le jeu de la voie donnés en vue du parcours en alignement droit; — vitesse à laquelle ce parcours libre peut s'effectuer, par suite de la force centripète due à cette conicité. .

Insuffisance de cette courbure et de cette vitesse.

Accroissement de la conicité et du jeu de la voie, autant que le permet la largeur des jantes.

Destruction de la force centrifuge due à une vitesse beaucoup plus grande, par la surélévation du rail extérieur; — répartition de cette surélévation. — Courbes rationnelles, substituées à l'arc de cercle aux deux extrémités de la courbe de raccordement des alignements.

2° *Système de deux essieux :* — Convergence; — jeu des boîtes à graisse dans les plaques de garde.

3° *Véhicules à trois essieux*, ou plus; — jeu de l'essieu intermédiaire dans le sens de sa longueur, pour racheter la flèche.

Rayon de la courbe qu'un wagon ordinaire peut parcourir, avec ces dispositions appliquées dans des limites qui ne nuisent pas à l'allure en alignement droit.

Solutions applicables aux courbes plus roides :

1° *Matériel américain :* — Son principe.

2° *Matériel articulé de M. Arnoux :* — Principe ; — description.

3° *Procédé de M Laignel,* incomplet et d'une application très-restreinte.

4° *Boîtes à graisse a faces latérales obliques de M. Riener.*

TRACTION PAR LOCOMOTIVE.

56ᵉ LEÇON. — *Locomotive considérée comme véhicule.* — Comment le mouvement de translation du train résulte du mouvement de rotation des roues motrices. — Adhérence. — Relations qui existent, toutes choses égales d'ailleurs, entre la vitesse à laquelle une machine doit fonctionner, et son poids adhérent d'une part, le diamètre de ses roues motrices, de l'autre.

1° *Machines à grande vitesse.*

2° *Machines à petite vitesse.*

3° *Machines mixtes.*

Valeur numérique de l'adhérence. — Limites entre lesquelles elle varie.— Influence des conditions atmosphériques.— Influence de la vitesse.

Moyen d'utiliser l'adhérence de plusieurs paires de roues. — Accouplement. — Utilité de charger à peu près également les roues couplées.

Moyen d'augmenter le coefficient de l'adhérence. — Boîtes à sable.

Répartition du poids de la machine entre ses essieux.

Machines à quatre roues.

Machines à six roues. — Comment on a été conduit à ajouter un troisième essieu.

Limites entre lesquelles peut varier la charge sur rails pour chacune des trois paires de roues, la vapeur n'agissant pas sur les pistons.

Moyen de faire varier à volonté cette charge entre les limites dont il s'agit. — Ressorts. — Position du centre de gravité du poids suspendu. — Équation de condition pour l'égalité possible des charges sur les trois essieux.

Machines à huit roues.

Machines à douze roues du chemin de fer du Nord français. — Inconvénients de l'accouplement solidaire d'un grand nombre de roues.—Division de l'appareil moteur en deux groupes indépendants. — Machine à dix roues solidaires du chemin d'Orléans.

Machines de M. Engerth. — Transformation de ces machines sur le chemin de l'Est français, et ensuite au Semering.

Système de la machine *Steïerdorf* du chemin de fer autrichien.

Nécessité de limiter la charge par essieu, au double point de vue de la durée des rails et de celle des bandages.

Influence de la pression de la vapeur sur les pistons, sur la répartition du poids de la machine entre ses essieux.

Expression des limites entre lesquelles peut alors varier le contingent de chaque paire de roues.

Loi des vitesses des pistons, le mouvement de rotation de l'essieu moteur étant uniforme.

DESCRIPTION DE LA MACHINE PROPREMENT DITE.

1° *Production de la vapeur.*

Chaudière.—Enveloppe extérieure.—Boîte à feu.—Corps cylindrique.— Boîte à fumée.— Cheminée.

Système intérieur. — Foyer.— Tubes.— Mode d'assemblage.— Foyer à bouilleur, longitudinal ou transversal.— Grille.

Chaudières pour l'emploi des combustibles crus. — Chaudières Mac-Connel.—Foyers fumivores.— Disposition de MM. Tembrinck et Bonnet. — Appareils de M. Clarke, de M. Thierry.

Armatures des faces planes.

Tirage. — Échappement fixe. — Variable.

Entrainement de l'eau.— Moyen de l'atténuer.

Alimentation. — Pompes. — Petit cheval. — Injecteur Giffard.

Échauffement préalable de l'eau alimentaire.—Motifs qui ont empêché d'abord l'injecteur Giffard de se répandre sur les chemins de fer allemands.—Puissance de vaporisation 1° du foyer, 2° des tubes. 3° moyenne, de l'unité de surface de chauffe totale. — Vaporisation par unité de poids de combustible. — Emploi de la tourbe en Bavière ; cheminée de M. Klein.

2° *Emploi de la vapeur.*

37ᵉ LEÇON. — Toujours deux cylindres, ayant leur axe placé aussi près que possible de la roue motrice correspondante.— Motifs.— Influence de l'effort de traction, sur la répartition de la charge entre les essieux.

Distribution.—Pourquoi la distribution à tiroirs est seule en usage dans les locomotives.

Avances. — Avance linéaire du tiroir. — Avance angulaire correspondante de l'excentrique. — Positive ou négative, suivant que la transmission est directe ou indirecte.

Recouvrement extérieur, pour concilier deux avances très-différentes à l'admission et à l'échappement.—Conséquence importante de ce recouvrement : 1° détente sur la face *motrice* du piston ; 2° Compression sur la face opposée ou *résistante.*

Tentatives faites pour obtenir une plus grande détente, au moyen d'un grand recouvrement extérieur donné.

Conséquence : recouvrement *intérieur*, pour réduire l'avance à l'échappement, devenue alors excessive.

Motifs qui ont fait renoncer à cette disposition.—1° Conditions du démarrage dans toutes les positions des manivelles. — 2° Influence de l'air qui se comprime en avant des pistons, quand on marche avec le régulateur fermé.

Changement de marche. — Sens dans lequel s'opère la rotation de l'essieu, suivant que le rayon de l'excentrique est calé au-dessus ou au-dessous de la manivelle, le piston étant à l'origine de sa course. — Énoncé général.

Dans la distribution avec avances, il faut deux excentriques pour chaque tiroir.

38ᵉ LEÇON. — Système à barres d'excentrique indépendantes (Sharp).

Système à barres reliées par une coulisse concave vers l'essieu moteur (Stephenson).

Système à barres reliées par une coulisse convexe vers l'essieu moteur (Gooch).

Table des lumières. — Rapport de leur section à celle du cylindre.

Course du tiroir. — Ouverture des lumières, incomplète pour l'admission, mais totale pour l'échappement.

Détente variable. — Conditions de la marche économique d'une locomotive. — Pression constante dans la chaudière; période d'admission proportionnée au travail, très-variable, à produire.

1° *Détente variable par un seul tiroir.*

Principe : 1ᵉʳ *Mode.* — Barres d'excentrique indépendantes. — Influence sur les avances.

2ᵉ *Mode.* — Barres reliées par la coulisse de Stephenson. — Barres droites. — Barres croisées. — Influence contraire de ces deux dispositions sur les avances. — Barres reliées par la coulisse de Gooch. — Avances constantes. — Moyen d'avoir des avances constantes avec une coulisse rectiligne; mécanisme d'Allan et de Trick.

Remarque sur la nécessité de rendre au tiroir la course maxima, dès qu'on marche avec le régulateur fermé, pour éviter les effets de la compression de l'air.

Inconvénient de la détente produite par le *tiroir de distribution;* étranglement des lumières; laminage de la vapeur.

Détente variable par un tiroir spécial. — On peut faire varier dans le tiroir de détente, soit 1° sa largeur, 2° sa course.

1° Mode. — Détente de M. Meyer.

2° Mode. — Détente de M. Gonzenbach. — Inconvénient des systèmes qui, comme celui-ci, divisent la boîte à tiroir en deux compartiments. — Détente de M. Dolonceau.

Discussion graphique des distributions précédentes. — Admission, détente, échappement anticipé sur la face *motrice.* — Échappement libre, — Compression, contre-vapeur, sur la face *résistante.*

39° LEÇON. — *Examen des principaux types de machines.* — 1° Caractères principaux.

Cylindres extérieurs ou intérieurs, relativement aux roues motrices.

Châssis, intérieur, extérieur ou mixte.

Roues motrices au milieu, à l'arrière, derrière la chaudière.

Machines à voyageurs.

Machine Sharp et Robert.

Machine New Patented de Stephenson.

Machines ordinaires à voyageurs (Lyon Est-Nord).

Machines Buddicom.

Machine Crampton.

Machines à marchandises à 4, 6, 8, 10 et 12 roues couplées.

Détails sur les principaux organes des machines. — Cylindres. — Pistons. — Pistons suédois. — Bielles motrices. — Poulies d'excentriques. — Colliers. — Barres. — Coulisses. — Tiroirs.

Essieux droits, coudés pour châssis intérieur, et pour châssis extérieur. — Longerons.

Ressorts de suspension. — Calcul d'un ressort à feuilles étagées étant donnés : la flexibilité, la charge de rectification, et l'effort moléculaire sous cette charge.

Ressorts transversaux.

Balanciers. — Leur utilité.

Boîtes à huile pour châssis intérieur et extérieur. — Coussinets. — Plaques de garde. — Cales pour régler le serrage.

Roues.

Fabrication des roues en fer forgé.

Roues de M. Arbel.

Bandages en fer, en acier puddlé, en acier fondu.

Locomotives considérées au point de vue des courbes. — Difficulté spéciale, résultant de l'existence presque constante de fortes pentes, sur les chemins de fer à courbes de petit rayon.

Dès lors, nécessité d'un grand effort de traction, d'un grand poids adhérent, et par suite de l'accouplement. — Tentatives faites pour transmettre le mouvement de rotation d'un groupe d'essieu à un autre sans empêcher leur déplacement angulaire relatif; engrenages de Norris et de M. Engerth. — Leur insuccès.

Conditions de la flèche à racheter, heureusement plus importantes que celles de la convergence des essieux. — Osselets. — Plans inclinés. — Ressort de M. Caillet. — Balanciers de M. Beugniot. — Comparaison entre une machine unique très-puissante, et deux machines de puissance moitié moindre, à faible empattement.

EFFORTS ET MOUVEMENTS PARASITES DUS A L'INERTIE DES PIÈCES DU MÉCANISME ANIMÉES DE MOUVEMENTS RELATIFS.

Théorie de ces perturbations, déduite du principe de l'invariable du centre de gravité dans un système soumis à des actions intérieures. — Mouvement de recul. — Mouvement de lacet.

Contre-poids. — Expériences de M. Nollau. — Impossibilité de concilier, avec des contre-poids tournants, l'équilibre horizontal et l'équilibre vertical.

Déraillement de roues motrices causé par des contre-poids exagérés.

Application des contre-poids aux machines à roues couplées.— Contre-poids très-considérable qu'exigent alors les machines à cylindres extérieurs, même pour l'équilibre vertical seulement. — Machines à cylindres intérieurs. — Le contre-poids peut être nul ou inverse. — Mais le lacet subsiste quoique le recul soit annulé. — Règles pratiques admises pour l'application des contre-poids.

Autres moyens qui concourent avec les contre-poids à la suppression des perturbations.— Grand empattement de la machine.—Essieux extrêmes bien chargés.— Solidarité de la machine avec le tender.

Tender.— Capacité.— Poids. — Attelage. — Trémie. — Position des ressorts.

Raccordement. — Systèmes divers.

Machines — tender.

TRACTION SUR RAMPES.

40ᵉ LEÇON. — Effet utile de plus en plus faible de la locomotive, quand l'inclinaison des rampes croît, par suite de l'influence de son poids.—C'est en cela que consiste généralement l'impuissance des machines sur les fortes rampes, et non dans le défaut d'adhérence qui, à vitesses égales, ne manque pas plus que sur les rampes très-faibles ou sur niveau.—Cas dans lesquels c'est l'adhérence qui peut manquer sur les rampes : 1° conditions atmosphériques habituellement mauvaises ; 2° vitesse admise notablement plus faible que celle des trains lents sur niveau. — Limite d'inclinaison à partir de laquelle il convient de renoncer à la locomotive.

Traction par machines fixes.—Câble à un bout, à deux bouts, et sans fin. — Description des plans inclinés de Liége.

Inconvénient. — Nécessité presque absolue d'alignement droit en plan, et par suite, de travaux d'art et de terrassement considérables.

Résistances inhérentes au câble.

Perfectionnements introduits par M. Agudio, caractérisés :

1° Par l'action motrice du brin descendant du câble sans fin.

2° Par sa vitesse de translation, plus grande que celle du train.

Détails succincts sur le système atmosphérique. — Théorie. — 1° Travail emmagasiné (raréfaction). — 2° Travail dépensé à mesure qu'il se produit (épuisement).

Motifs de l'abandon de ce système en Angleterre et en France.

MOYENS D'ARRÊT.

1° *Action des résistances* passives, le moteur suspendant son action.

2° *Renversement de la distribution dans la locomotive.* Substitution de la vis au levier ordinaire de changement de marche.

Elle permet de renverser la marche, les tiroirs étant en pression.

Application prolongée de la contre-vapeur. — Inconvénients et danger qu'elle présente. — Moyen de les éliminer. Procédé de M. Ricour. — Injection de vapeur et d'eau, en proportions variables à volonté, dans l'échappement.

Nécessité de développer par d'autres moyens un travail résistant.

Principe. — Pression exercée sur des corps frottant, soit sur les rails, soit sur les parties des véhicules animés de mouvements relatifs, c'est-à-dire sur les roues. — Calage. — Limite que la pression sur les jantes ne doit pas dépasser. ni même atteindre. — Utilité de l'application d'un frein proprement dit aux locomotives elles-mêmes (en dehors des locomotives-tender, qui en sont nécessairement pourvues).

Freins agissant sur les rails. — Frein Laignel. — Frein Didier. — Frein à vapeur.

Freins agissant sur les jantes.

Freins à sabots suspendus aux caisses; ils paralysent les ressorts de suspension.

Freins à entretoises.

Manœuvre des freins.—A leviers, à vis.—Freins dits : à entraînement.

Freins à transmission. — Exemple. — Système Newall.

Freins automoteurs.— Avantage. — Mis en action par le mécanicien lui-même.

Frein Guérin agissant par la rentrée des tampons; comment ce mode d'action se concilie avec la faculté de refouler.

Utilité des boîtes à sable appliquées aux locomotives en vue de l'adhérence, pour l'efficacité des freins.

Nécessité d'un type de frein servant à la fois pour les arrêts ordinaires et pour les arrêts imprévus. — Idée fausse d'un frein spécial dit : de détresse, servant seulement en cas de danger.

EXPLOITATION TECHNIQUE.

41ᵉ LEÇON. — 1° Mesures de sûreté, et entretien de la voie.

Surveillance de la voie.— Garde-lignes.—Équipes d'entretien. — Femmes garde-barrières.— Gardes-de-nuit. — Effectif total de ce personnel par kilomètres. — Taquets d'arrêt sur les voies de garage.

Formation des trains.— Dispositions réglementaires.— Trains de voyageurs. —Omnibus. — Mixtes. —Nombre de freins, dépendant du profil.—Exemples.

Wagons visités dès l'arrivée.

Double traction. — Attelage de la deuxième machine en queue sur les chemins à fortes rampes.—Véritable garantie contre les marches en dérive par suite de ruptures d'attelage.

Signaux destinés à assurer la marche des trains.

1° *Chemins à deux voies.*

Principe général.—Voix libre, ou couverte par un signal. — Ce signal doit indiquer l'obstacle à une distance suffisante pour arrêter avant de l'atteindre.

Signaux des agents de la voie aux agents des trains : Voie libre. — Ralentissement.— Arrêt.—Signaux diurnes. — Signaux nocturnes.

Signaux des points dangereux.— 1° *Stations*, — L'arrêt des trains ou les manœuvres, y formant des obstacles continuels à la circulation. — 2° *Courbes*, le mécanicien ne pouvant voir lui-même si la voie est libre. — 3° *Bifurcations*. — Points couverts par des signaux à demeure, visibles de loin.

Deux systèmes de signaux fixes. — 1° Sémaphores, placés près du point à couvrir, mais très-élevés. — 2° Signaux — disques peu élevés, mais placés en avant du point à couvrir, et manœuvrés à distance.

Disposition de ces signaux, dont l'emploi est général en France. — Manœuvre en courbe. — Fils de transmission à dilatation libre.

Moyen de contrôler la position du disque,—quand il n'est pas visible de la station. — Trembleuse mue par un courant qui ne passe que quand le disque est à fond de course à l'arrêt. — Moyen de s'assurer pendant la nuit que le feu invisible de la station n'est pas éteint.

42ᵉ LEÇON. — *Signaux des poseurs. — Pilotage. — Signaux des trains.*

Train en détresse. — Doit immédiatement se couvrir à l'arrière, à la distance réglementaire.—Signaux détonants. — Leur utilité, surtout en temps de brouillard.

Train ralenti. — Obligation du conducteur de queue.

Causes les plus habituelles des collisions.

Signaux sur les trains.

1° Signaux du mécanicien aux conducteurs. — Sifflet de la machine.

2° Signaux des conducteurs au mécanicien. — Imperfection actuelle de cette communication. —Timbre du tender. — Les signaux des conducteurs au mécanicien n'arrivent souvent que par l'intermédiaire des garde-lignes.

Signaux des changements de voie.

2° *Chemins à une voie.*

Condition spéciale. — Rendre impossible les rencontres de trains de sens contraires (quant aux trains de même sens, mêmes règles que pour les chemins à deux voies). — Déplacement des croisements. — Nécessité d'un mode de communication parfaitement sûr et prompt, de station à station. — Ancienne télégraphie optique des chemins allemands. — Télégraphie électrique. — Dépêches à échanger.

Expédition des trains extraordinaires. — Trois catégories. — 1° Annoncé par un ordre de service, notifié à tout le personnel y compris celui de la voie. — 2° Annoncé seulement par le train précédent. — 3° Annoncé télégraphiquement aux stations seulement.

Service de secours.

Machines de réserve. —Leur répartition suivant le profil et l'activité du trafic. — Départ de la machine de secours : — 1° Sur retard. — 2° Sur demande de train en détresse. —Demande de secours en avant ou en arrière. — Cas où le secours peut venir à contre-voie, sur les chemins à deux voies.

APPLICATION DE LA TÉLÉGRAPHIE ÉLECTRIQUE AUX CHEMINS DE FER.

Production du courant. — Courants d'induction. — Pourquoi ils ont été abandonnés.

Piles. — Pile de Bunsen. — Ses inconvénients. — Pile de Daniel.

Transmission du courant.—Fer.—Galvanisation.—Diamètre. — Tension.— Supports isolants. —Tendeurs.— Poteaux. — Espacement. — Poteaux métalliques employés en Allemagne et en Suisse.

Disposition des fils dans les souterrains.

Paratonnerres.

Transmission des signaux. — Appareil à cadran des chemins de fer français.— Manipulateur. — Récepteur. — Sonneries d'avertissement.—Disposition complète d'un poste télégraphique intermédiaire.—Télégraphie de M. Morse.

Usages de la télégraphie électrique.

Annonce des trains extraordinaires aux stations.

Annonce des trains aux garde-barrières : — Exemples.

Sonnerie des garde-lignes, en usage sur plusieurs chemins de fer allemands.

Maintien de la distance entre les trains de même sens au moyen de postes télégraphiques, un seul train étant compris entre deux postes voisins. — Exemple : appareil Tyer.

Application du même principe aux longs souterrains sur les chemins de fer de l'Est, de la Méditerrannée.

Demande de secours. — Essai de la mise en rapport direct du train en détresse avec le fil de la voie.

Annonce préalable des trains sur les chemins à une voie.

Déplacement des croisements, et réduction des perturbations causées par les retards des trains.

Usage de la télégraphie pour annoncer à l'aval l'arrivée d'une portion de train partie en dérive sur une pente, et qu'on n'a pu arrêter. — Exemples.

Essais d'application des courants à la communication entre les conducteurs, à la manœuvre des freins, et à celle des disques mis à l'arrêt et effacés par les trains eux-mêmes.

Appareils de sûreté appliqués aux machines locomotives. — Soupapes. — Manomètre. — Manomètre à maxima. —

Indicateur du niveau. — Robinets. — Bouchons de plomb
du ciel du foyer. — Cendrier.

Roues pleines du tender, pour atténuer la projection des
fragments incandescents.

Limite de la vitesse : elle n'a rien d'absolu. — Indicateur
des vitesses.

Stations et gares.

Gares extrêmes.

Gares intermédiaires.

45ᵉ LEÇON. — *Stations de rebroussement.* — Application
des rebroussements à la traversée des montagnes.—Exemples.

Gares de bifurcation.—Dispositions diverses.—Nécessité
presque absolue d'un palier assez long à toutes les stations de quelque importance.

Gares de voyageurs. — Consistance.—Quais de départ et
d'arrivée. —Manœuvres au départ et à l'arrivée des trains.
— Entrée des trains.— 1° Machines en tête.— 2° Machines
en queue.— Cas des trains de banlieue.

Dispositions spéciales du bâtiment des voyageurs. —
Exemples : — Gare de la rive droite à Versailles. — Gare
de Saumur.— Gares du chemin d'Auteuil. — Remises de
voitures. — Chariots de remises.

Dépôts de machines. — Grues hydrauliques. — Réservoirs.
— Appareil à enlever les roues. — Bascule pour le règlement des ressorts de suspension.— Réservoirs.—Fosses à
piquer le feu. — Moyens de nettoyage. — Petites réparations.

Gares de marchandises.—Consistance.—Largeur relative
des quais de départ et d'arrivée.—Gares,— entrepôts.

Règle générale :— Entrée des trains par refoulement. —
Motifs de cette règle. — Dérogations. — Formation et décomposition des trains. — Voies reliées aux voies principales : 1° par changements de voie; 2° par plaques tour-

nantes. — Exemples de cette dernière disposition. — Ses conséquences onéreuses.

Emploi des grues Armstrong dans les gares anglaises. — Exemples.

Ateliers de réparations. — Leur consistance.

EXPLOITATION CONSIDÉRÉE SOUS LE RAPPORT ÉCONOMIQUE.

Dépenses.

Rails.—Causes de leur détérioration.— Ils ne s'oxydent pas. — Durée. — Fabrication des rails. — Conditions des cahiers des charges. — Réception. — Garantie. — Prix.— Dépense annuelle kilométrique.

Traverses. — Destruction à peu près indépendante de l'activité de trafic.

Durée $\left\{\begin{array}{l} \text{du chêne} \\ \text{des autres} \\ \text{essences} \end{array}\right\}$ sans préparation.

Dépense annuelle du renouvellement des traverses.

Préparation.— Réactifs divers.— Mode d'application.— Le cœur n'est pénétré par aucun réactif, si ce n'est tout au plus la créosote.

44ᵉ LEÇON.— Matériel roulant. — Voitures à voyageurs. — Nombre et prix par kilomètre.— Exemple.

Wagons à marchandises, nombre et prix par kilomètre. — Exemple.

Locomotives, nombre et prix par kilomètre.—Exemple.

Principales divisions du coût total kilométrique de l'é-tablissement de chemins de fer. — Exemples.

Analyse des principaux éléments du coût du *train-kilo-mètre.*— Traction.

Entretien des machines.— Coût kilométrique. — Exem-ples.— Parcours annuel des machines; leur parcours total.

Tubes.— Classement par séries.—Raboutissage.—Tubes en fer. — Foyers.

Combustible. — Dépense kilométrique. — Exemples. — Effet utile de la locomotive, déduit des consommations de la machine remorquant un train, et de la machine se remorquant seule à la même vitesse.

Eau. — Importance de sa bonne qualité. —Influence des dépôts adhérents. — Essais hydrotimétriques. —Prise d'eau en rivière. — Dépense kilométrique.

Graisse et huile.

Personnel.

Bandages. — Leur parcours total.

Essieux. — Essieux coudés. — Parcours total.

Coût total de la traction du train — kilomètre.

Coût total du train — kilomètre.

Coût du voyageur — kilomètre.

Coût de la tonne — kilomètre.

Recettes.

Tarifs : 1° *de voyageurs,* perçus généralement pleins.

2° *De marchandises.* — Maxima réglementaires. — Classification. — Délais d'expédition et de livraison. — Classifications des compagnies françaises.

Tarifs d'application. — 1° *Généraux.*

2° *Spéciaux.* —Exemples. —Réductions suivant certaines directions, ou suivant un sens déterminé. — Motivées surtout par la concurrence des voies navigables, et par l'inégalité du trafic dans les deux sens.

Wagons pleins. — Train complet. — Délais allongés.

Tarifs différentiels. — Ce qui les motive.

3° *Tarifs communs.*

4° *Tarifs internationaux.*

Exemples de recette brute kilométrique.

CONDITIONS FINANCIÈRES DE L'EXÉCUTION DES CHEMINS DE FER.

Subvention de l'État. — Sa nécessité dans beaucoup de cas résultant de la comparaison du coût total d'établissement, de la recette brute kilométrique, et du tant pour cent de la dépense d'exploitation.

Formes diverses de la subvention. — Loi du 12 juin 1842. — Révisions successives des nventions entre l'État et les compagnies.

COURS D'AGRICULTURE.

PRÉLIMINAIRES.

1re LEÇON. — Définition du cours. — Point de vue spécial auquel il doit être fait à l'École des mines.

Géologie agricole.

Considérations générales sur la France. — Sa division en régions agricoles. — Sa production végétale et animale. — Évaluation annuelle du rendement en céréales.

PRINCIPES GÉNÉRAUX DE LA SCIENCE AGRICOLE.

2e LEÇON. — *Physiologie végétale.* — Organisation et fonctions des racines, des tiges, des feuilles, des fleurs, des graines. Analyses comparatives des différents végétaux et de leurs cendres. Germination des végétaux ; leur alimentation par l'air, par l'eau et par la terre végétale.

3e ET 4e LEÇON. — *Météorologie agricole.* — Air atmosphérique. — Sa pression. — Vents. — Humidité. — Quantité d'eau tombée et évaporée. — Lumière et électricité. — Orages. — Grêle. — Chaleur. — De la prévision du temps. — Climats des régions agricoles de la France.

5e ET 6e LEÇON. — *Terre végétale.* — Sa composition minéralogique et chimique. — Ses propriétés physiques et agricoles. — Rôle que remplissent ses différentes parties. — Son origine. — Du sol et du sous-sol. — Classification des terres végétales. — Moyens de corriger leurs défauts. — Terres végétales des régions naturelles de la France.

ALIMENTATION VÉGÉTALE.

7ᵉ LEÇON. — *Engrais végétaux.* — Préparation des débris végétaux qui doivent servir d'engrais. — *Fumures vertes.* — *Goëmon et plantes marines.* — *Tourteaux.* — *Marcs.*

8ᵉ ET 9ᵉ LEÇON. — *Engrais animaux.* — *Fumier :* Sa préparation. — Composition des différents fumiers.—Évaluation de la capacité des fosses destinées à le conserver.—Litières : pailles des céréales; genêt et bruyère. Emploi de la terre comme litière.

Guano : Sa composition et ses principaux gisements. — Fraudes sur le guano. — Son emploi. — Son mode d'action.

Engrais humain : Sa richesse.—Procédés de désinfection pour rendre les vidanges inodores. Utilisation de l'engrais humain dans plusieurs parties de la France. — Son transport à de grandes distances par chemin de fer. — Engrais liquides; leur préparation. — Leur distribution par jaillissement ou par le système tubulaire. — Résultats obtenus en Angleterre. — Essais faits par l'Administration Municipale aux environs de Paris.

Poudrette et engrais composés avec des matières fécales. — Caractères, composition, fabrication et emploi de la poudrette. — Matières diverses employées pour absorber les déjections : tourteaux, chiffons de laine, corne, phosphates, chaux, cendres, charrées, matériaux salpêtrés, suie, plâtre, bog-head, tourbe. — Mode d'action de ces engrais artificiels.

Sang et chair musculaire : Transformation du sang en engrais commercial par des procédés chimiques ou physiques. — Utilisation de la chair musculaire dans des composts. — Emploi de la chair en poudre. — Débris de poissons.

Noir animal : Différentes qualités de cet engrais. — Cultures auxquelles il convient. — Fraudes exercées sur le noir animal. — Son mélange avec la tourbe.

10ᵉ, 11ᵉ ET 12ᵉ LEÇON. *Engrais minéraux. — Ammoniaque et sels ammoniacaux. — Nitrates.* Leur faculté fertilisante. Leur production. Leur diffusion dans la nature.

Sel marin. Son mode d'action.— *Sels de potasse. — Engrais alcalins :* Feldspath. Glauconie.

Cendres : Leur composition et leur classification. — Charrées. — Cendres de varechs, de tourbe et de houille.

Chaux : Emploi de la chaux dans l'agriculture. — Procédés de chaulage. — Mode d'action de la chaux; quantité à employer.

Marne : Marnage. — Mode d'action de la marne. — Quantité à employer.

Tangue : Distribution de la tangue sur les côtes de France. Son origine. Sa composition. Mode d'emploi et d'action. — Sable coquillier, traëz, maërl, sablon calcaire, — Faluns.

Sulfates : Plâtre. — Sulfate de fer.

Phosphates : Chaux phosphatée; nodules et coprolites. — Travaux de M. Élie de Beaumont sur l'emploi agricole des phosphates. — Superphosphate de chaux.

Engrais chimiques. — Conditions de l'équilibre dans la fertilité des sols.

Amendements divers.

Terreautage. — Écobuage. — Épierrement.

SYSTÈMES DE CULTURE.

13ᵉ LEÇON. — *Assolements.* — Leur théorie. — Assolements suivis dans quelques parties de la France.—Jachère.

Différents systèmes de culture. — Méthode intensive. — Méthode extensive. — Défrichements.

CULTURES SPÉCIALES.

Céréales. — Blé. — Préparation de la terre. — Engrais à employer. — Récolte et rendement.

Plantes fourragères : Prairies permanentes. — Prairies temporaires.

Plantes industrielles : Plantes oléifères, textiles, tinctoriales.

Culture des champignons dans les carrières des environs de Paris.

Conservation des céréales et des produits agricoles.

ALIMENTATION DU BÉTAIL.

Composition des aliments; leur valeur nutritive et leurs équivalents. — Élevage et engraissement.

DES EAUX CONSIDÉRÉES AU POINT DE VUE AGRICOLE.

14ᵉ LEÇON. — *Nappes superficielles.* — *Nappes souterraines;* leur forme, leur relation avec les nappes superficielles et avec les couches imperméables qui sont à l'intérieur de la terre.

Recherche des eaux.

Composition des eaux. — Eaux de rivières, de sources, de puits. — Leur composition varie avec les terrains dans lesquelles elles coulent : terrains calcaires, gypseux, argileux, siliceux, granitiques, volcaniques, pyriteux. — Eaux des forêts, des marais, des tourbières. — Eaux acides provenant des mines. — Les effets utiles ou nuisibles que les eaux produisent en agriculture dépendent surtout de leur composition.

ASSAINISSEMENT ET DRAINAGE.

15ᵉ LEÇON. — Curage des cours d'eau. — Assainissement au moyen de *rigoles ouvertes.*

Assainissement au moyen de *rigoles couvertes* ou *drainage*. — Historique. — Des différents modes d'exécution des canaux de drainage. — Profondeur, écartement et tracé des drains. — Du drainage des sources. — Volume de l'eau entraînée par les drains. — Sa composition chimique. — Effets et théorie du drainage. — Résultats financiers des travaux de drainage.

DESSÉCHEMENTS.

16ᵉ LEÇON. — *Études préliminaires.*

— *Travaux de desséchement :* — Desséchements à l'aide de canaux d'écoulement. — Desséchements à l'aide de machines. — Puits forés et puisards absorbants. — Mise en valeur des polders et des terrains marécageux situés au bord de la mer. — Exemples pris dans le nord, dans l'ouest et dans le sud de la France.

IRRIGATIONS.

17ᵉ LEÇON. — *Moyens d'obtenir des eaux pour les irrigations.* — Puits ordinaires et artésiens. — Eaux provenant des travaux de drainage. — Eaux de source. — Eaux de pluies, étangs et réservoirs. — Prises d'eau dans les rivières et les ruisseaux.

Irrigations par arrosement et par submersion.

Exemples de grandes opérations d'irrigation.

Utilisation des eaux d'égout en Écosse, en Angleterre, en Italie, en France.

Limonages et colmatages. — Leur emploi pour l'amélioration du sol arable. — Création de terres végétales fertiles par les colmatages et par les alluvions artificielles. — Travaux de la basse Seine.

MÉCANIQUE AGRICOLE.

18e LEÇON. — *Machines servant à la préparation du sol.* — Bêches, charrues, scarificateurs, cultivateurs. — Rouleaux, herses. — Charrues et piocheuses à vapeur. — Différents modes de labour : planches, billons, — Semoirs.

19e LEÇON. — *Instruments pour recueillir et pour préparer les récoltes.*—Moissonneuses ; faucheuses ; faneuses; coupe-racines; machines à battre.

Constructions rurales. — *Économie rurale.*

CARTES GÉOLOGIQUES-AGRONOMIQUES.

20e LEÇON. — Exposé des différentes méthodes employées pour exécuter ces cartes.

Examen spécial de celles qui ont été publiées jusqu'à présent dans divers pays. Leur utilité pour la mise en valeur et la culture rationnelle du sol.

Carte géologique agronomique de la France.

COURS DE DROIT ADMINISTRATIF.

ET

D'ÉCONOMIE INDUSTRIELLE.

PROLÉGOMÈNES.

1re LEÇON. — Utilité, pour le service du corps des ingénieurs des mines, d'une étude de l'économie politique **et** du droit administratif. — Différence capitale, au point de **vue du** plan, entre un cours de ces deux sciences — professé **dans** une école *spéciale* — et les cours professés dans des établissements d'instruction *générale*. — Attributions et organisation du corps impérial des mines.

Principe fondamental de l'économie politique,—du droit. — Distinction entre ces deux sciences ; — leurs rapports de subordination et leurs points de contact.

NOTIONS ÉLÉMENTAIRES D'ÉCONOMIE POLITIQUE. — Production. — Consommation. — Division du travail. — Échange (direct, indirect). — Vente. — Achat. — Monnaie. — Métaux précieux. — Les produits s'échangent contre des produits. — Richesses.

2e LEÇON. — Utilité. — Valeur. — Prix-courant, de revient. — Loi de l'offre et de la demande. — Machines. — Salaires. — Grèves. — Principe du libre échange.

Liberté du travail. — Réglementation (système préventif, — répressif). — Rôle économique de l'Etat. — Caractères essentiels du socialisme.

3e LEÇON.—NOTIONS ÉLÉMENTAIRES SUR L'ORGANISATION AD-

MINISTRATIVE DE LA FRANCE.—Objet de l'administration publique. — Pouvoir *législatif* : Conseil d'État, Corps législatif, Sénat. — De la loi. — Pouvoir *exécutif* : attributions
des autorités administrative et judiciaire.— Domaines res-
pectifs des pouvoirs législatif et exécutif.

Empereur : — Attributions administratives. — Dénomination de ses actes, — voies de recours, — interprétation.

Ministres : — Attributions administratives. — Dénomination de leurs actes, — voies de recours. — Organisation
actuelle du ministère des travaux publics, en ce qui con-
cerne·les attributions du corps des mines : — Secrétariat
général. — Services des Mines, — des chemins de fer en
exploitation. — Conseils divers institués auprès du ministre (Mines. — Chemins de fer. — Machines à vapeur. —
Établissements dangereux, insalubres ou incommodes).

4ᵉ LEÇON.— *Conseil d'État :* — Attributions législatives,
— administratives, — contentieuses. — Conflits d'attributions entre les autorités administrative et judiciaire.

Préfets : —Attributions administratives.—Dénomination
de leurs actes, — voies de recours. — Décentralisation administrative, en ce qui concerne l'objet de ce cours. —
Conseils divers institués auprès des préfets (hygiène publique, — bateaux à vapeur.....).

Conseils de préfecture : — Attributions administratives,
— contentieuses ; — Dénomination de leurs actes, — voies
de recours. — Leur rôle en ce qui concerne l'objet de ce
cours (travaux *utiles* d'exploration de mines, redevances
publiques des mines, établissements dangereux, insalubres
ou incommodes, — chemins de fer).

Conseils généraux de département. — *Sous-préfet.* —
Conseils d'arrondissement. — *Maires.* — *Conseils munici-
paux.*

5ᵉ LEÇON. — NOTIONS ÉLÉMENTAIRES SUR L'ORGANISATION
JUDICIAIRE DE LA FRANCE. — avec exemples pris dans l'objet

de ce cours. — Juridictions civile, commerciale et correctionnelle. — Dénomination des actes des diverses autorités judiciaires. — Voies de recours. — Cour de cassation (chambres des requêtes, civile, — criminelle, — réunies). — Cours d'appel. — Tribunaux de première instance. — Juges de paix. — Tribunaux de simple police. — Ministère public (son rôle obligatoire dans les affaires civiles de législation minérale).— Officiers de police judiciaire (chemins de fer).

Des expertises,—auxquelles est consacré un titre spécial de la loi organique sur la propriété minérale.

LÉGISLATION MINÉRALE.

6ᵉ LEÇON. — Du principe de la propriété, au point de vue économique et au point de vue légal. — Application aux substances minérales. — A qui doivent-elles être attribuées, — de l'État, — du propriétaire du sol — ou de l'inventeur?— En France, les *mines* ont toujours été considérées comme des propriétés publiques.

Période historique (1413-1791). — Droit régalien de l'ancienne monarchie. — Apparition des *minières* et des *carrières.*

Période transitionnelle (1791-1810).— La législation ne distingue que des *mines* et des *carrières*, — ainsi que cela aura lieu à partir de 1876.

Solution donnée par le législateur de 1810, — classant les substances minérales en trois catégories, distinguées par l'attribution de propriété. — Caractère propre aux *mines*, — aux *minières*, — aux *carrières.*

Mines. — Système de la loi de 1810. — Situation faite au propriétaire du sol et à l'inventeur.

Redevance tréfoncière.—Bases diverses d'après lesquelles elle est fixée par le gouvernement. — Mode usité en Belgique, depuis 1837. — Cas spécial du département de la Loire. — Voies de communication, par terre et par eau.

Définition légale de l'*inventeur*. — Cas où il n'est pas déclaré concessionnaire.

7ᵉ LEÇON. — Assimilation de la propriété des mines à la propriété superficiaire, —sauf trois exceptions. — Division, — historique de la question des amodiations houillères de la Loire. — Déchéance. — Réunion des concessions de mines de même nature, — historique de l'association houillère de la Loire (1846-1854).

Recherche des mines. — Cas où l'explorateur est propriétaire du sol ou aux droits de celui-ci. — Cas où le propriétaire du sol refuse son consentement. — Vente des produits de recherches. — Remboursement des travaux *utiles* à l'explorateur par le concessionnaire.

Instruction d'une demande en concession de mines. — Formalités de publicité : affiches et publications. — Toute modification d'une concession est précédée des mêmes formalités que l'institution de celle-ci. — Types récents d'acte de concession et de cahier des charges y annexé. — Cas où le demandeur n'est pas seul et se trouve en présence d'*opposants* ou de *concurrents*. — Si l'opposition est fondée sur une question de propriété, elle est de la compétence judiciaire. — Demandes en concurrence survenues *pendant* ou *après* la période de publicité de la demande primitive en concession, — distinction à faire à cet égard.

Obligations diverses du concessionnaire de mines nouvellement institué ; — bornage immédiat, règlements de comptes......

8ᵉ LEÇON.—*Relations de ce concessionnaire et du propriétaire du sol.* — Droit d'occupation, dans l'intérieur du périmètre concédé, des terrains nécessaires à l'exploitation de la mine (puits, machines, magasins, chemins, remblais....). — Le cas de dégradation est régi par le droit commun.—

Réciprocité entre les deux propriétés superficiaire et souterraine. — Caution à fournir par le concessionnaire de mines, au cas de travaux à faire sous des constructions. — Les mines et les chemins de fer. — Article 11 de la loi de 1810.

Relations des concessionnaires de mines entre eux. — Loi de 1838. — Droits réciproques des concessionnaires de mines *superposées* (caution), — *contiguës* (investison), — *voisines* (accidents). — Travaux communs à plusieurs concessions.

Relations de ces concessionnaires et de leurs ouvriers. — Livrets. — Police du personnel. — Travail des enfants. — Mesures de sécurité. — Caisses de secours et de retraites de l'industrie minérale.

Relations des concessionnaires et des communes. — Contribution à l'entretien des voies vicinales. — Redevance tréfoncière des chemins communaux.

Police des mines : — Loi de 1838, décret de 1813, ordonnance de 1843. — Dispositions du type le plus récent de cahier des charges. — Abandon d'un champ d'exploitation. — Plans et registres des travaux souterrains. — Procès-verbaux de visite des ingénieurs de l'État. — Dangers probables, urgents ou imminents, d'une exploitation. — Accidents (procès-verbaux, statistique officielle, respohsabilité).

9ᵉ LEÇON. — NOTIONS GÉNÉRALES SUR LES IMPOTS, — directs ou indirects, — de quotité ou de répartition. — Théorie économique et légale.

Redevances sur les mines: — Fixe, — toujours due, — cas de concessions superposées ; — proportionnelle, — Décret de 1811, — définitivement modifié par celui de 1866, quant aux règles de l'abonnement. — Impôt de quotité (comme la patente, — dont les mines sont exemptes), la redevance proportionnelle des mines est, pour la perception, assimilée à la contribution foncière. — Mode d'évaluation, aux termes de la jurisprudence administrative la plus récente, de la *recette*, de la *dépense* et, par conséquent, du *produit net*. — Détails pratiques. — Contentieux. — Statistique.

10ᵉ LEÇON. — *De la houille.* — Période de l'ancienne monarchie. — Système de la loi de 1791 à l'égard des mines voisines de la surface. — Rôle capital de la houille dans la législation française.— Statistique de la production, de la consommation, de l'importation et de l'exportation. — Tableaux numériques et graphiques. — Cartes figuratives. — Industrie et commerce de la houille à l'étranger, — particulièrement en Angleterre et en Belgique. — La houille et les chemins de fer.— Régime douanier des combustibles minéraux.

Du sel. — Période antérieure à 1840, — historique de la compagnie des salines de l'Est. — Législation actuelle (sel à l'état solide, liquide).— Statistique de la production et de la consommation du sel.— Impôt du sel. — Tableaux et cartes statistiques.

Législation minérale des colonies françaises : — Algérie, —Guyane.—Aperçu des principales législations étrangères.

11ᵉ LEÇON. — **Minières**. — Généralités.—Pyrite de fer et alun.

Du fer. — Période historique : —antérieure à 1791,—de 1791 à 1810.

Législation actuelle. — Relations des propriétaires du sol et des maîtres de forges. — Cas d'un terrain boisé. — Police des minières. — Type de règlement. — Accidents.

Cas où un gîte de minerai doit être considéré comme *minière* ou comme *mine*,— où la *minière* devient une *mine*. — Obligations des concessionnaires de mines envers les propriétaires du sol, — envers les maîtres de forges. — En Algérie, tout minerai de fer est concessible.

Modification édictée, à partir de 1876, par une loi de 1866.— Jusqu'en 1876, — les maîtres de forges (institués antérieurement à 1866) conservent le droit exceptionnel d'occuper les terrains nécessaires au lavage du minerai et à l'établissement de chemins de charroi (sous les réserves de l'article 11 de la loi de 1810).

12ᵉ LEÇON. — Statistique de la production des fontes et fers, — au bois, à la houille, au combustible mélangé, — des aciers. —Tableaux numériques et graphiques.—Industrie et commerce du fer à l'étranger, — particulièrement en Angleterre. — Régime douanier. — Expédient des acquits-à-caution.

—Transition de la loi de 1791 à celle de 1810 :—exploitants munis d'un titre régulier de concession, au moment de la promulgation de la loi actuelle, — exploitants munis d'un titre de concession non conforme à la législation de 1791, — exploitants non munis d'un titre de concession. — Demandeurs en concession dont le dossier était à l'instruction au 21 avril 1810.

Substances minérales classées dans les mines par la loi de 1791 et non concessibles suivant celle de 1810.

13ᵉ LEÇON. — **Carrières.**— Périodes de l'ancienne monarchie, — de 1791. — Législation actuelle. — Type de règlement. — Police des carrières, tant à ciel ouvert que souterraines. — Protection des chemins publics. — Accidents. — Statistique.

Tourbières. — Cette classe accessoire d'exploitations minérales ne diffère légalement des carrières qu'en ce qu'il est pourvu, dans l'intérêt de la salubrité publique, à la direction d'ensemble des travaux. — Police. — Statistique.

14ᵉ LEÇON. — NOTIONS SUCCINCTES DE DROIT PÉNAL—Contravention, délit. — Prescription pour la poursuite de l'infraction ou l'application de la peine. — Complicité. — Juridiction compétente suivant la nature de l'infraction. — Par qui, contre qui et comment (affirmation, visa pour timbre, enregistrement en débet) sont dressés les procès-verbaux de constatation?

Titre pénal de la loi de 1810, — pour les mines, — minières (loi de 1866), — carrières souterraines (celles à ciel ouvert ressortissant à la juridiction de simple police), — tourbières (article 84 de la loi). — L'article 463 du code pénal n'est point applicable ; — mais, aux termes de la jurisprudence, la peine d'emprisonnement, inscrite dans l'article 96, ne doit être prononcée qu'en cas de récidive.

SOURCES D'EAUX MINÉRALES.

15ᵉ LEÇON.—Historique légal.—Projets de loi de 1837 et de 1845.—Décret de 1848.—Circulaire ministérielle de 1855.

Loi de 1856 et règlements d'administration publique promulgués, en 1856 et 1860, pour son exécution. — Suspension provisoire des travaux souterrains de nature à compromettre l'existence d'une source. — Pénalités spéciales (article 463 du code pénal).

Source déclarée d'utilité publique.—Instruction à laquelle est soumise une telle déclaration (plan, affiches et publication, enquête,...) — Expropriation.

Périmètre de protection. — Instruction qui en précède la fixation. — Modification possible de ce périmètre. — Travaux, souterrains ou à ciel ouvert, à entreprendre par des tiers à l'intérieur. — Indemnité due au cas de suspension, etc.

Droit, accordé au propriétaire de la source, de faire les travaux nécessaires à l'exploitation sur le terrain d'autrui. — sur son terrain.

APPAREILS A VAPEUR.

16ᵉ LEÇON. — Historique de la réglementation : — Période de 1810 à 1843, — de 1843 à 1865.

Législation actuelle : — Décret de 1865. — Loi pénale de 1856, — réduite aux dispositions qui restent en vigueur depuis la promulgation de ce décret.

Chaudières fixes : — Épreuves, timbre. — Appareils de sûreté (soupapes, manomètre, appareil alimentaire, indicateurs du niveau de l'eau). — Déclaration au préfet. — Conditions d'emplacement, suivant les catégories (1re, 2e, 3e). — Fumivorité. — Contraventions. — Explosions. — Article 457 du code pénal. — Statistique annuelle.

Machines locomobiles. — dispositions spéciales.

BATEAUX A VAPEUR.

Navigation fluviale. — Ordonnance de 1843 : — Permis de navigation annuel. — Conditions à remplir par la chaudière. — Mesures diverses concernant le service même des bateaux.

Navigation maritime. — Ordonnance de 1846 : — Permis de navigation, etc. — Éclairage extérieur.

Dispositions pénales de la loi de 1856 relatives à la navigation à vapeur. — Statistiques annuelles.

ÉTABLISSEMENTS DANGEREUX, INSALUBRES OU INCOMMODES.

17e LEÇON. — Régime de l'autorisation administrative, fixé par un décret de 1810 et une ordonnance de 1815. — Classement des industries au point de vue de cette autorisation, — qui, d'ailleurs, ne met point obstacle à l'action judiciaire des tiers lésés (décret de 1866). — Principes généraux. — Dépôt d'une copie de l'autorisation aux archives de la commune. — Lacune relative à la surveillance.

1re *classe.* — Autorisation accordée, sauf recours au conseil d'État, par le préfet (depuis le décret sur la décentralisation administrative), — après production d'un plan des lieux, apposition d'affiches, enquête, avis du conseil d'hy-

giène et, s'il y a des oppositions, du conseil de préfecture.
— La suppression peut avoir lieu par décret impérial, rendu
en conseil d'État. — Conditions le plus ordinairement imposées à certaines industries.

2ᵉ *classe.* — Autorisation accordée également, sauf recours au conseil d'État, par le préfet, — après enquête, avis
du conseil d'hygiène et, s'il y a des oppositions, du conseil
de préfecture.

3ᵉ *classe.* — Autorisation accordée par le sous-préfet,
sauf recours au conseil de préfecture et, en appel, au
conseil d'État.

Conditions spéciales imposées à quelques industries
classées (Distillation et travail en grand des hydrocar-
bures, fabrication du gaz d'éclairage et de chauffage…).

Conditions du maintien des établissements antérieurs au
décret de 1810. — Algérie, etc. — Dommages causés aux
voisins par l'exploitation d'un établissement industriel.

CHEMINS DE FER EN EXPLOITATION

18ᵉ LEÇON. — Nature de la concession d'un chemin de
fer. — Formes à suivre pour l'obtenir. — Modèle de cahier
des charges. — Séquestre. — Déchéance. — Rachat. — Le
concessionnaire de chemin de fer considéré comme entre-
preneur de travaux publics, — de transport, — comme industriel.

Organisation actuelle de la surveillance administrative
des chemins de fer, tant au point de vue de l'exploitation
technique qu'au point de vue de l'exploitation commerciale : — corps des ponts et chaussées ; — corps des
mines ; — inspecteurs de l'exploitation commerciale. — Com-
missaires de surveillance administrative. — Agents asser-
mentés des compagnies.

19ᵉ LEÇON. — *Voie :* — Régime de la grande voirie. —
Clôtures. — Passages à niveau. — Excavations. — Dépôts.

Matériel locomoteur, fixe et *roulant :* — Machines locomotives : décret de 1865 et ordonnance de 1846. — Machines à vapeur fixes. — Voitures à voyageurs. — Statistique.

Exploitation technique. — Composition, attelage et éclairage (intérieur, extérieur) des trains (freins, — machines de réserve et de renfort). — Marche des trains ordinaires, extraordinaires, de plaisir (retards, etc). — Mesures diverses de sécurité (signaux, transport des rails, des matières dangereuses). — Accidents, statistique.

Police des chemins de fer. — Cours des stations. — Buffets, etc. — Transport des bestiaux, des matières infectes. — Compartiments réservés. — Objets perdus sur les chemins de fer.

20ᵉ LEÇON. — *Exploitation commerciale.* — Étude économique des péages sur les voies de communication. — Régime des tarifs de chemins de fer. — Homologation administrative.

Transports sur la voie ferrée. — Interdiction des traités particuliers. — Statistique.

Classification légale des tarifs, — au point de vue des conditions (*maximum, général, spécial*). — des parcours (*proportionnel, différentiel*).

Maximum du cahier des charges. — Tarifs *généraux* (modèle uniforme). — Tarifs *spéciaux* ou conditionnels : — caractère facultatif; — conditions habituelles pour les marchandises (wagon complet, augmentation de délai, non-responsabilité, chargement ou déchargement...). — Suppression des tarifs *d'abonnement.*

Principe économique et légal des tarifs *différentiels* — Tarifs à taxe ferme (clause des stations non dénommées). — Tarifs à prix kilométrique (solution de l'anomalie que présente le point de passage).

Tarifs communs, internationaux. — Tarifs de *transit,* — *d'exportation.*

Tarifs *exceptionnels* (annuels, permanents).

21ᵉ LEÇON. — *Voyageurs :* — trois classes. — Calcul du prix de transport par kilomètre (impôts). — Question des retards. — Billets de place, — d'aller et de retour ; — militaires et marins, — enfants. — Chiens. — Bagages. — excédants, groupement.

Marchandises.—Grande vitesse : — Messagerie, denrées. valeurs,... — Chiens. — Pompes funèbres.

Petite vitesse:— Classes, séries. — Masses indivisibles et objets de dimensions exceptionnelles. — Matériel roulant.

Marchandises ne pesant pas 200 kilogrammes au mètre cube. — Voitures. — Animaux. — Matières dangereuses. — Petits colis, groupage.

Conditionnement des marchandises. — Déclaration à faire par l'expéditeur. — Déboursés et remboursement. — Lettre de voiture et récépissé (modèles).

22ᵉ LEÇON. — *Délais d'expédition, de transport et de livraison,* de gare en gare, des marchandises sur les chemins de fer. — Grande vitesse, — denrées de halle. — Petite vitesse : — durée générale du trajet, calculée à raison de 125 kilomètres par vingt-quatre heures (Barême), — de 200 kilomètres, dans certains cas.

Frais accessoires : — Enregistrement. — Manutention (gare, chargement, déchargement). — Pesage. — Magasinage. — Stationnement des wagons. — Magasinage des objets abandonnés dans les gares et vendus par le domaine.

23ᵉ LEÇON. — *Transports en dehors de la voie ferrée.* — Factage. — Camionnage. — Correspondance des voyageurs et des marchandises. — Réexpédition de celles-ci.

Personnel des compagnies, — actif et soumis à la surveillance de l'administration publique, — assermenté. — Révocation.

Ministère de l'intérieur. — Télégraphie électrique. — Police. — Transport des prisonniers, aliénés, émigrants, indigents.

24ᵉ LEÇON. — *Ministère de la justice.* — Procès-verbaux dressés par les agents de l'État, — par les préposés des compagnies. — Statistique régulière des décisions judiciaires rendues en matière de chemins de fer en exploitation.

Ministère de la guerre. — Transport des poudres par chemins de fer. — Transport à prix réduit du personnel et du matériel.

Ministère de la marine. — Même objet.

25ᵉ LEÇON. — *Ministère des finances.* — Contributions directes (foncière, taxe additionnelle de mainmorte. — Portes et fenêtres. — Personnelle et mobilière. — Patentes). — Indirectes (Dixième et double décime. — Enregistrement, timbre. — Octrois, transport des boissons, sels et sucres). — Douanes. — Postes.

— Chemins de fer d'intérêt local. — Embranchements industriels.

PROGRAMME DES LEÇONS DE TOPOGRAPHIE.

1° LEVÉ SUPERFICIEL.

1re, 2e et 3e LEÇON. — PLANIMÉTRIE.

Principes généraux. — Mesure des bases.

Levé au théodolite ou au graphomètre. — Triangulation. — Carnet et registre des calculs.

Levé à la boussole carrée. — Méthode des cheminements. —Variations accidentelles et périodiques (diurne, annuelle, séculaire) de l'aiguille aimantée. — Méthodes diverses employées pour le transport des observations sur une épure.

Levé à la planchette. — Application au relevé des courbes de niveau.

4e et 5e LEÇON. — NIVELLEMENT.

Nivellement barométrique. — Tables. — Corrections. — Application aux études géologiques.

Nivellement topographique. — Nivellement rapide. — Niveau d'eau. — Mire à voyant. — Tracé des courbes de niveau.

Nivellement de précision. — Niveaux à lunette d'Egault, de Lenoir, de Bourdaloue, etc. — Mires parlantes. — Limite de portée des niveaux. — Éclimètres.

2° LEVÉ SOUTERRAIN.

6e LEÇON. — *Levé à la boussole des mines.* — Poche de mineur. — Boussole suspendue. — Déclinatoire. — Carnets. — Registre des calculs. — Transport des résultats du levé sur une épure.

7ᵉ LEÇON. — *Levé au théodolite.* — Théodolite simplifié de M. Combes. — Théodolites centrés. — Mires de nuit. — Carnet d'opération. — Registre des calculs. — Projet de percement d'une galerie.

3ᵉ APPLICATIONS.

8ᵉ, 9ᵉ et 10ᵉ LEÇON. — *Détermination et tracé d'une méridienne.* — Usage de la lunette méridienne, du théodolite, de la boussole carrée, du gnomon, etc. — Corrections des observations solaires. — Tracé de la méridienne sur le sol et dans la salle d'épures. — Étude de la déclinaison de l'aiguille aimantée.

Détermination de l'heure locale et de la latitude. — Usage du sextant, du théodolite et de la lunette méridienne portative.

Détermination de la longitude. — Méthodes des distances lunaires relevées au sextant. — Tables données par la connaissance des temps. — Corrections. — Observation des éclipses des satellites de Jupiter. — Méthode des culminations lunaires.

Étude d'un cours d'eau. — Planimétrie à la boussole carrée. — Nivellement de précision. — Évaluation de la force motrice d'une chute d'eau.

Avant-projet d'une voie de communication. — Établissement et nivellement du profil en long et des profils en travers. — Carnets et registres des calculs. — Établissement de la voie. — Limites du terrain à exproprier. Épure des lignes bleues. — Cubature des terrasses.

Extrait des *Annales des mines,* tome XIV, 1868.

Paris. — Imprimerie de COSSET et Cᵉ, rue Racine, 16.

* 9 7 8 2 3 2 9 3 5 1 7 0 4 *